日本藥妝美研購9

日本薬粧研究家精選

8大怦然心動的藥美妝選物

日本薬粧研究家
鄭世彬 著

日本旅遊再爆紅！

2025日本藥美妝最新趨勢大公開

2025年，新的一年展開，你買好飛往日本的機票了嗎？

2024年，堪稱是疫情後日本旅遊全面復甦的一年。在疫情前的2019年，全球造訪日本的旅客總人數高達3,100萬人次，而在疫情後的報復性旅遊推波助瀾下，2024年還未結束，截至2024年11月，訪日外國人數已突破3,338萬人次！大幅刷新疫情前的訪日人數紀錄。

2024年，日本各地接連出現過度旅遊的災情。其中最廣為人知的事例，莫過於眾多與富士山或動漫相關的網紅打卡景點。儘管當地居民祭出因應措施，依舊抵擋不住如海嘯般襲來的外國觀光客。

大量外國旅客湧入日本的影響之下，許多日本人成為旅宿難民。2024年，隨著旅宿需求飆升與營運成本增加，日本各地的旅宿費用大幅上漲。不僅來自海外的我們覺得住宿費用有點難以負擔，連日本當地的出差族、旅客，甚至是到外地應考的考生，都因為預算不足的關係，只能選擇偏遠的郊區住宿。

2024年，日本藥妝店的人潮已經強勢回歸，或者說更甚以往！在日本的藥妝店中，經常能見到講中文的旅客，提著滿到不行的購物籃穿梭於貨架間。不少訪日旅客來到藥妝店，都會習慣為自己或親朋好友添購日本的OTC醫藥品，作為以備不時之需的常備藥。不少剛接觸日本旅遊或日本藥妝購物的新手，也都會私訊至粉絲團，詢問日本藥妝店有哪些必買品項。

曾經有段時間，華人旅客爆買的OTC醫藥品被日本媒體封為「神藥」。即便十年過去，不少當年的「經典神藥」依舊是大家心目中值得信賴的健康好幫手。然而，隨著近年來日本藥事法規的修訂，以及許多新品牌的問世，日本藥妝店裡陸續出現備受日本當地人信賴的「新世代神藥」。

經過一年的採訪與市場觀察，日本藥粧研究室在本書一開始，先特別整理了兩份實用清單：首先，帶大家回顧長期以來廣受信賴的「十大經典神藥」；同時，也盤點疫情後關注度快速升高的「十大新世代神藥」。無論是老手還是新手，這份清單都能成為選購家庭常備藥時的參考！

藥粧研究家

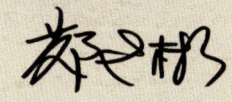

趁採訪空檔飛了一趟西澳「珀斯Perth」完成一項人生清單！羅特尼斯島上的短尾矮袋鼠Quokka，真的好療癒人心呀～

註 ※本書所載商品資訊為截至2025年1月採訪截稿時的最新內容。價格為編輯部調查之含稅價格，實際售價可能因店鋪活動、特價或物價調整而異，請以店鋪實際價格為準。商品資訊若因改版等原因變動，請以日本實際銷售商品或官方資訊為準。本書中所提及的「薬用」不代表「藥用」。

經典十大神藥

走進日本藥妝店中，面對琳瑯滿目的OTC醫藥品，眾多華人依舊能夠精準地找到自己與親朋好友信賴多年的常備藥。在這邊，日本藥粧研究室就來為各位清點一下，臺灣人的OTC醫藥品購物清單中的固定班底有哪些！

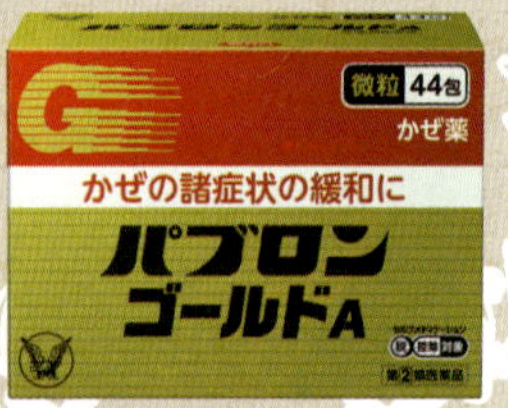

指定 第2類 医薬品

PABRON
パブロン ゴールド A

紅金顯眼配色，全家大小都能服用的綜合感冒藥粉，多年來一直都是臺灣人赴日掃貨清單上的必列品項，更是眾多日本藥妝店力推的常備藥！

指定 第2類 医薬品

EVE
イブクィック頭痛薬

取代最早廣受愛用的白盒版本止痛藥，搭配護胃成分的速效版本。即便後來推出金色頂級配方，此版本依舊是整個品牌的招牌品項。

第3類 医薬品

龍角散
龍角散ダイレクトスティック

原本就是臺日兩地的人氣家庭常備藥，在疫情後更是成為萬人必備的護喉神藥。跳脫良藥苦口的傳統框架，藍色薄荷口味與粉色桃子口味，正是深受年輕世代青睞的關鍵。

第3類 医薬品

Nodonuru
のどぬ~るスプレー

獨特的長噴嘴可將含有碘液的藥水直接噴灑在喉部的噴霧，適合在喉嚨痛時用來為喉嚨消毒殺菌。

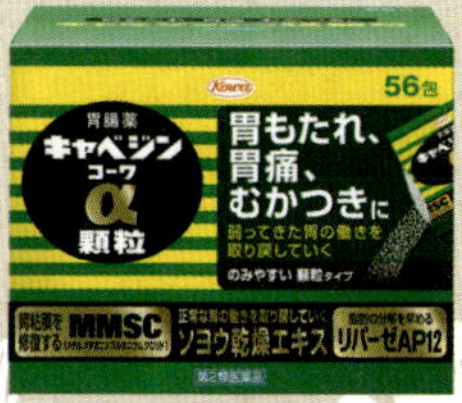

第2類醫藥品

CABAGIN
キャベジンコーワα顆粒

胃黏膜修復成分搭配脂肪分解酵素，適合應對多種胃部不適症狀，向來是家中長輩指定購買的胃腸藥！方便吞服的顆粒粉劑型，成為近年來的熱銷款。

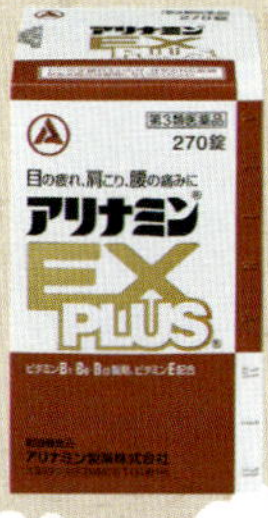

第3類醫藥品

ALINAMIN
アリナミン EX プラス

只要提到日本的維生素B群，不少臺人第一個想到的就是合利他命EX PLUS。許多臺人更是將其視為送禮自用兩相宜的健康伴手禮！

指定医薬部外品

BIOFERMIN®
新ビオフェルミン S 細粒

尚未在臺上市的表飛鳴細粉，對於許多育兒父母來說，是守護小朋友腸道健康的好幫手，因此成為赴日必掃的常備藥固定班底。

第2類醫藥品

sante
サンテ FX ネオ

使用起來帶有醒腦涼感的眼藥水，早已成為眾多華人走進日本藥妝店時，習慣掃入購物籃的基本品項。不少藥妝店相中這一點，經常推出超低價吸引顧客上門！

第2類醫藥品

AD
メンソレータム
AD クリーム m

在臺灣暱稱為藍色小護士的AD乳霜，是許多人用來對付冬季肌膚乾癢以及濕疹問題的好幫手。在日本，更是全系列熱銷超過8,000萬瓶的經典神藥。

第2類醫藥品

UNA
新ウナコーワクール

走進日本藥妝店，只要購物籃裡有這罐蚊蟲止癢藥水的人，十之八九一定是臺灣人！即便品牌推出超過5款不同成分組合的新品，這款依舊是歷久不衰的定番品！

新世代十大神藥

大部分臺人的藥妝購物清單中，OTC醫藥品的必買品項都是長銷數十年的經典。然而，近年來日本市面上也陸續推出眾多新藥，其中不乏許多已經深入日本人生活的全新常備藥。日本藥粧研究室就來為各位清點一下，現在日本藥妝店裡有哪些值得關注的新世代神藥！

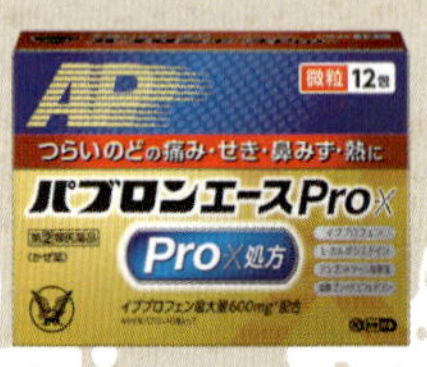

指定 第 2 類 医薬品

PABRON パブロンエース Pro-X 微粒

紅金配色大正百保能綜合感冒藥粉的藍金升級版。特別針對退燒止痛與鼻炎相關症狀強化配方，而且採用特殊技術包覆藥粉，大幅降低服用時的苦味感。

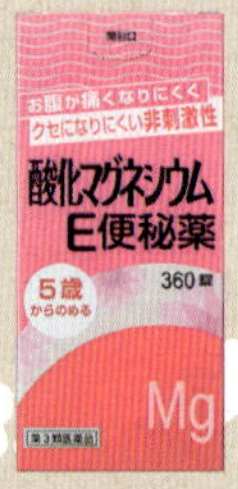

第 3 類 医薬品

Kenei 酸化マグネシウム E 便秘薬

主成分是醫師處方常用軟便劑氧化鎂，不容易引發腹痛及黑腸症等問題的非刺激性便秘藥。搭配開水服用時藥錠會快速崩解，不擅長吞錠劑的人也不必擔心。是近期日本藥妝店最受追捧的便秘對策神藥。

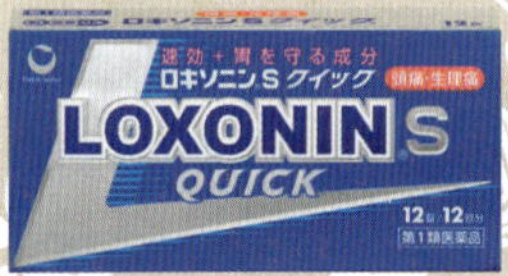

第 1 類 医薬品

LOXONIN® ロキソニン® S クイック

主成分洛索洛芬鈉水合物，原本是醫師處方成分，後來隨著法規修定轉列OTC醫藥品。由於藥效迅速確實，成為日本近年熱賣的退燒止痛藥。唯一的缺點，就是只能在有藥劑師執業中的藥妝店才能購入。

第 3 類 医薬品

Kabakun 健栄のどスプレー

主成分為優碘，使用起來帶有薄荷舒緩涼感，適合在喉嚨乾痛時使用的喉嚨噴霧。不只是包裝上可愛的河馬君吸引目光，獨特的雙孔噴嘴設計，能同時噴出兩道藥液，針對患部大範圍進行噴灑。

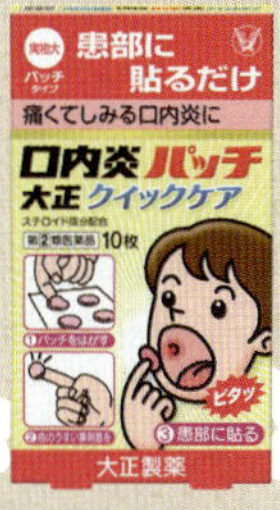

指定第2類醫藥品

口内炎パッチ大正クイックケア

臺人再也熟悉不過的口內炎貼片升級版。添加具備消炎與減緩口瘡不適的皮質類固醇，因為藥效較為快速顯著，因此成為近期人氣度攀升的口內炎貼片。

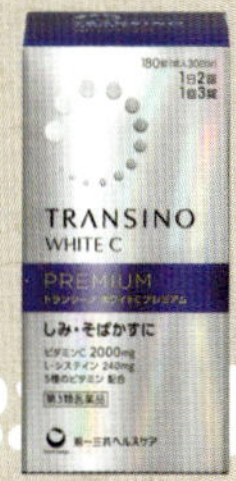

第3類醫藥品

TRANSINO ホワイト C プレミアム

第一三共Healthcare傳皙諾美白錠的強化升級版。相較於原先寶藍色基本款，美白成分L-半胱胺酸等組合都相同，但維生素C含量卻從1,000毫克加倍升級到2,000毫克！

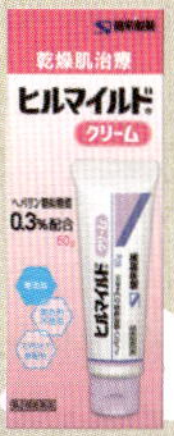

第2類醫藥品

Healmild ヒルマイルドクリーム

主成分是濃度0.3%的類肝素，許多皮膚科醫師都會用來治療乾燥肌的乳霜。類肝素同時具備保濕、促進循環以及抗發炎等作用，因為能潤澤同時安撫乾荒肌的體感明顯，成為新一代的乾燥肌對策神藥。

第3類醫藥品

ALINAMIN アリナミン EX プラスα

銀色包裝搶眼，成分升級強化的合利他命EX PLUS α，因改善疲勞體感更加顯著，因此逐漸取代原本的基本款，成為新一代的維生素B群代名詞。

指定醫藥部外品

BIOFERMIN® 新ビオフェルミン S プラス細粒

育兒整腸常備藥表飛鳴推出的強化升級版。除原有的三種益生菌之外，還額外添加能減少腸道壞菌繁殖的龍根菌，讓整腸體感更加升級。

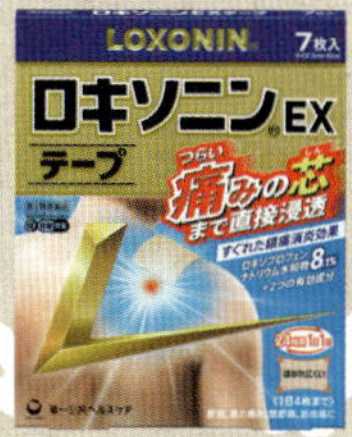

第2類醫藥品

LOXONIN® ロキソニン® EX テープ

LOXONIN® 貼布系列中的頂級版本。主成分是抗發炎止痛效果優秀，濃度高達8.1%的「洛索洛芬鈉水合物」。對於想要確實擊退難纏痠痛問題的人來說，是值得一試的新世代痠痛貼布。

目次

CONTENTS

002 作者序:日本旅遊再爆紅!
2025日本藥美妝最新趨勢大公開

004 經典十大神藥・購物清單的固定班底

006 新世代十大神藥・全新常備藥必買清單

CHAPTER 01

010 花王Kao・
帶領消費者共創「Kirei 美好永續生活」

CHAPTER 02

032 大正製藥・
日本OTC醫藥品市場領導品牌

CHAPTER 03

工廠見學與人物訪談特輯

052 健榮製藥・深入日本醫療院所與家庭日常的健康好幫手

064 出雲充・解決糧食危機的新曙光素材,未來超級食物的幕後推手

068 Euglena綠色寶石・裸藻,展現神祕美力與健康力

CHAPTER 04

家庭藥特輯

076 龍角散・日本的喉嚨健康用藥代名詞

078 TONOS・補充荷爾蒙的同時改善性功能

079 HIMEROS・女性荷爾蒙製劑的長銷品牌

080 仁丹・研發靈感來自臺灣16種生藥成分所製成的口袋法寶

082 太田胃散A・日本經典百年胃散家族成員

083 救心・守護心臟健康的百年家庭常備藥

084 奥田脳神経薬・在日傳承七十年的獨家配方

085 TOFUMEL-A·適用各種外傷的神奇粉紅色藥膏
086 IBOKORORI·日本百年足底健康守護者
087 正露丸·腹瀉、軟便時就會想到的居家常備藥
087 金冠·HIHI系列專為嬰幼兒稚嫩肌膚所研發

CHAPTER 05 日本醫藥健康

090 綜合感冒藥
091 口服止痛藥
092 鼻炎、過敏用藥
093 止咳藥
094 喉嚨口腔用藥
096 胃腸藥
097 便祕整腸藥
098 外用鎮定消炎藥
099 維生素
100 眼藥水
102 搔癢用藥
103 乾燥用藥
104 外傷用藥
105 痘痘藥
106 其他用藥
114 健康輔助食品

CHAPTER 06 日本美粧保養

124 卸妝
128 潔顏
132 化妝水·乳液
139 特殊保養
146 乳霜
148 面膜
157 撫紋霜
158 男性保養
161 防曬
164 底妝

CHAPTER 07 日本生活雜貨

168 口腔衛生
171 口唇保養
172 身體清潔
175 身體保養
180 洗潤護髮

CHAPTER 08 日本美研的法式視角

188 L'ESPACE YON-KA·融合專業技法與日式款待的法式美容沙龍
191 日本法系保養品精選

kao

010

CHAPTER 1

花王Kao

帶領消費者共創「Kirei 美好永續生活」

花王 Kao

順應消費者的生活大小需求
深入日本人生活的每個角落

創立於1887年的花王，可以說是日本近代清淨史的見證者。自從推出第一塊花王石鹼以來，花王在將近140年的歲月中，不斷順應日本人對潔淨的需求與堅持，研發出眾多日常保養、沐浴清潔、髮妝造型、口腔護理和美妝雜貨，甚至是衣物清潔及廚房浴室等居家清潔產品。例如Bioré防曬、CAPE髮妝、Liese染髮劑、美舒律蒸氣眼罩、Curél乾敏肌保養系列，乃至於衣物清潔專家Attack，都是臺日間家喻戶曉的熱門美妝生活品牌。

2006年，花王將佳麗寶化妝品納入旗下，在KATE、ALLIE、RMK、SUQQU等高人氣國際品牌加持下，更進一步鞏固彩妝與保養的企業版圖，已晉升為日本前三大美妝保養製造商之一。同時間，也成為日本產品類別涵蓋範圍最廣的美妝保養及日用品巨擘。

從高貴的奢侈品到平價的日用品 日本國產香皂的代名詞 「花王石鹼」

無論在哪個國家，肥皂絕對是近代清淨史上最重要的劃時代發明之一。日本最早的肥皂都是來自海外的高級舶來品，直到150多年前的1873年，位於橫濱的「堤石鹼製造所」才開發出日本第一塊國產肥皂。然而，當時的肥皂主要用於洗滌衣物，而用於洗淨身體的「化妝石鹼」則是在隔年，也就是1874年才問世。

儘管日本國產肥皂已經問世，但品質仍不及昂貴的舶來品。為此，花王的創業者「長瀨富郎」便與石鹼職人和藥劑師共同合作，經過大約半年的反覆試作，終於在1890年推出了高品質的純國產石鹼。這款肥皂正是花王長達135年的洗淨技術根基──「花王石鹼」。

花王創業者「長瀨富郎」▶

誕生於1890年的第一代「花王石鹼」，在當時走的是頂級奢華路線。不僅包裝設計講究，外盒還使用了高級桐木，甚至還附有產品說明書與證明書。在一碗蕎麥麵只需1錢的年代，平均一塊「花王石鹼」的價格就要價12錢，換算成今日的物價，大約為6,000日元左右。

「花王」這個名稱的由來，源自於最初的洗臉皂被稱為「顔洗い（Kaoarai）」。因此，長瀨富郎就以臉的日文「顔」的同音字「花王」（KAO）作為品牌名稱，給人有著「洗臉用高品質肥皂」的深刻印象。據說，當年的同音候補名稱還有「香王」和「華王」。

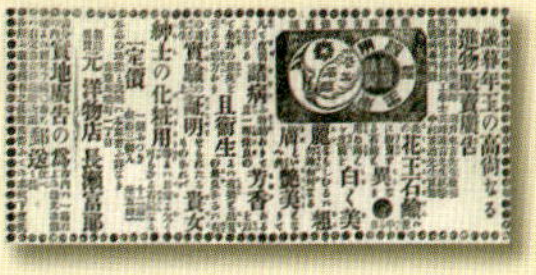

「花王石鹼」包裝上的二大祕密

1 祕密 製造商名稱為「長瀨商店」

「長瀨商店」是創業者長瀨富郎最早經營的舶來品專賣店名稱，而「花王石鹼」是該店當年的明星商品。後來因為花王的名氣較為響亮，才將企業更名為「花王」。

2 祕密 繪製於包裝上的牡丹花圖樣

日本國產品包裝上的花卉圖樣，一般都會採用櫻花。然而，在當年花王的行銷策略中，將出口至中國等地作為重點目標，因此選用了象徵富貴的牡丹花作為包裝設計的一部分。

經典包裝設計

「花王石鹼」的百年傳承與經典轉型

在問世約40年後，「花王石鹼」迎來第一次，也是最重要的一次轉型。進入1930年代後，肥皂在日本從昂貴的舶來品變成了平價的國產日用品。在這樣的大時代背景下，花王於1931年推出了純度高達99.4%的「新裝花王石鹼」。令人印象深刻的花王硃砂橙色設計，即便將近百年過去，依然散發出過人的時尚風格。

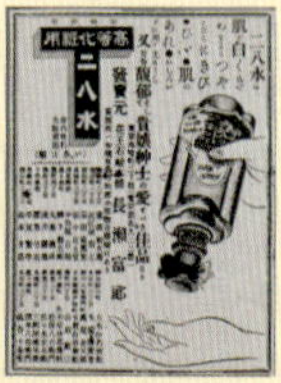

不只見證日本潔淨發展史 美肌保養史上也不缺席

成功推出經典的「花王石鹼」後，花王創業者．長瀨富郎也在日本美肌保養史上留下了重要的足跡，那就是在1900年時，推出具有歷史代表性的臉部保養品「二八水」。這個品名的由來相當有趣，其實就是二乘以八等於十六，隱喻使用後能擁有十六歲荳蔻少女般的美肌。

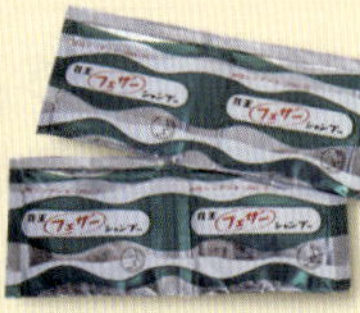

讓Shampoo一詞日常用語化 重新定義日本人的洗髮習慣

「新裝花王石鹼」上市隔年的1932年，花王活用升級後的潔淨技術，推出了重新定義日本人洗髮習慣的「花王シャンプー」花王洗髮，這是花王史上第一款洗髮產品。接著，在1957年，推出不少中年族群可能使用過的「花王フェザーシャンプー」洗髮粉。正是這些便利性與潔淨力的結合，以及持續改進的產品陸續問世，才能促進花王的洗髮產品不斷進化，並催生出Essential及merit這些在日本長銷數十年的經典品牌。

日本合成洗劑先驅 新時代家庭主婦的好幫手

隨著日本進入現代化，洗衣機逐漸普及，成為每家必備的家用電器。花王於1951年推出了強調潔淨力，號稱是日本合成洗劑先驅的洗衣粉「花王粉せんたく」。這項發明不僅成為當時職業婦女的家事好幫手，更奠定了Attack與Humming等衣物潔淨產品與衣物柔軟精的穩固基礎。

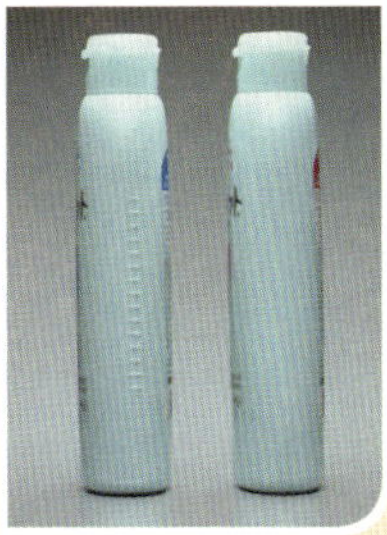

洗潤產品瓶上的貼心小設計成為業界共同的默契

你或許曾經發現，洗髮精的瓶身壓嘴頂端或側邊會有凹凸不平的設計。其實，這正是花王於1991年推出的「觸覺記號」。

有鑒於洗髮精和潤髮乳的瓶身外觀幾乎相同，有不少一般民眾甚至是視障者，經常會弄錯，導致在洗髮時誤用潤髮乳。因此，花王便從1991年10月推出的Essential洗潤系列開始，在洗髮精的瓶身上加上突起的橫條設計，藉此幫助使用者簡單區別洗髮精和潤髮乳。

由於該設計相當實用，因此後來成為日本業界在設計洗潤產品瓶身時的共同默契。即便到了今日，絕大部分的日系洗潤產品瓶身或壓嘴頂端，都可見這個貼心的觸覺設計。

花王商標LOGO演變史

1890年

出自於創業者．長瀨富郎之手，設計意象為美與清淨的象徵，最早使用於「花王石鹼」外包裝的第一代LOGO。值得注意的是，這時候的月亮商標設計是朝向右邊。

1943年

由於缺口朝向右邊的下弦月象徵著逐漸消失，於是花王在1943年時將月亮商標的缺口轉向左邊，變成象徵愈加圓滿的上弦月。

1948年

將上弦月的上下兩端連接在一起，展現出一種圓滿的視覺感。月亮商標的表情，也變得柔和許多。

1953年

自創始以來第一次採用彩色設計的商標，選擇的顏色是鮮豔溫暖的「花王硃砂橙色」，月亮商標的表情也變得更加親民溫和。

1985年

這一年花王將公司名稱由「花王石鹼株式會社」變更為現行的「花王株式會社」，在月亮商標旁邊加上「花王」兩個漢字，同時將顏色改為更有新鮮躍動感的綠色。

2009年

為強化企業全球化形象，將「花王」替換成英文標示「Kao」。同時期，在日本及亞洲的日用品與化學品業務的LOGO則是使用「月亮商標」結合英文字母「Kao」。

2021年～現在

包含日本以及亞洲的日用品與化學品業務，統一使用「Kao」代表花王集團的主要商標。

花王獨家技術剖析 1
碳酸研究技術

靈感源自於碳酸溫泉的研究探索
廣泛應用於入浴劑乃至於全身保養

1970年代，花王的研究員從一篇關於碳酸溫泉的論文中得到靈感，從而開啟了花王長達50年的碳酸研究及產品開發歷史。當年的那篇論文提及，「溫泉中的碳酸能被肌膚吸收，並且可促進血液循環，從而對人體健康產生有益的效果」。

抱持著探索與驗證的動機，花王研究員準備了兩個燒杯，一個裝了一般的溫水，另一個則裝有含碳酸氣體的溫水。將雙手分別放入兩個燒杯中一段時間後，研究員發現放入後者的手明顯變得紅潤，這才確認了碳酸確實具有促進血液循環的效果。接著，花王的研究員便朝著「溫浴效果」的方向研發泡澡產品，最終於1983年推出了被稱為日本碳酸入浴劑代名詞的「バブ（Bub）」。這不僅是日本，也是全世界最早問世的碳酸入浴劑。

在長達50年的碳酸研究中，花王於2015年成功將碳酸微泡化，並持續研發出高濃度且高持續性的碳酸泡保養製劑。花王發現，高濃度碳酸泡不僅能提升肌膚對保養品的滲透力、輔助角質代謝的正常化等，還對肌膚有許多其他的功效。不僅皮膚，甚至連頭髮也能透過碳酸泡來提升清潔效果。因此，花王活用多年來的碳酸泡研究心得成果，將獨家專利的碳酸製劑廣泛應用於入浴、美肌及美髮等多個領域，開發出眾多獨具特色的碳酸保養產品。

入浴劑

世界首創！
將碳酸溫泉搬到自己家

バブ
ゆずの香り

¥ 20錠 770円

1983年問世至今，整個品牌系列品項多達數十種的入浴劑。在泡澡文化盛行的日本，可說是萬家必備的沐浴必備品。其中的「柚子香」，更是長銷超過40年的經典。

前導精華

連續8年第一！日本碳酸泡精華的代表產品

ソフィーナ　iP
ベースケア セラム 土台美容液

¥ 90g 5,500円

在日本連續8年奪下精華液市場銷量冠軍的碳酸泡精華，已成為眾多美容愛好者的首選。這款精華富含高濃度、細微的碳酸泡，碳酸泡大小僅為約毛孔的1/20，能深入滲透至角質層，輔助改善肌膚的滋潤度、肌理、光澤、彈力、粗糙感，及因乾燥引起的細紋等膚況。

潔顏粉

銷售冠軍！熱門洗顏粉的話題新品

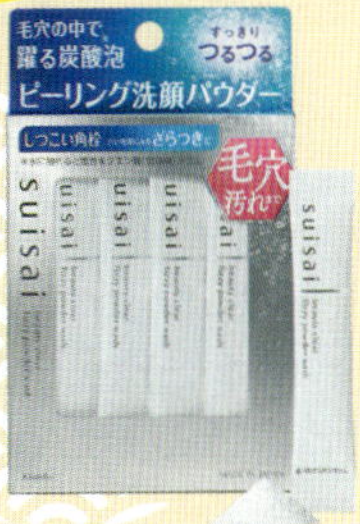

suisai
ビューティクリア ピーリング パウダーウォッシュ

¥ 1g×32包 2,750円

針對頑固惱人的毛孔髒汙，活用花王拿手的碳酸技術，開發出這款接觸水之後就能冒出細緻碳酸泡的洗顏粉，能在毛孔中躍動。細微的碳酸泡能深入毛孔中，確實潔淨老廢角質、毛孔髒汙和頑固粉刺，讓潔淨後的肌膚更顯清透滑嫩。

潔髮粉

新鮮體感！徹底潔淨頭皮的新鮮碳酸泡

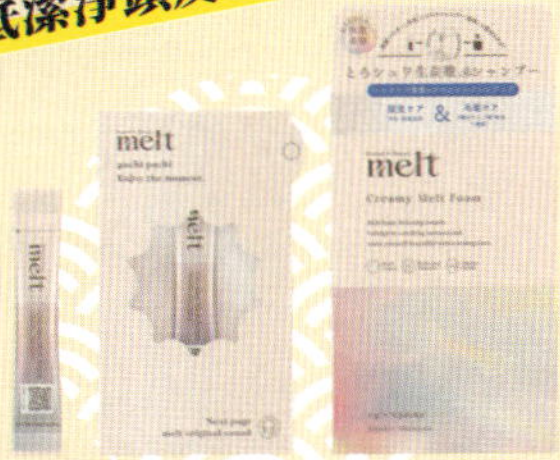

メルト
クリーミーメルトフォーム

¥ 1g×12包 2,200円

加水之後就會產生新鮮的碳酸泡，搭配同系列洗髮精一起使用，碳酸泡就會完整包覆髮絲與頭皮，並且徹底潔淨頭皮毛孔的髒汙與皮脂。不只有深入清潔功能，還能像保養品中的導入精華一樣，使潤髮成分的附著力提升，提高護髮效果可期。

美妝雜貨

日本唯一！獨家添加碳酸成分的足部舒緩貼片

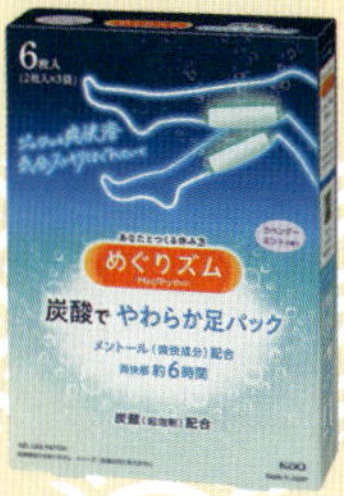

めぐりズム
炭酸で やわらか足パック

¥ 6片 693円

這款足部貼片是日本市面上唯一添加碳酸（起泡劑）的產品，能讓舒緩感持續包覆雙腳，添加清涼成分「薄荷」涼感約可維持6小時。非常適合在久站工作或外出跑行程後，貼在小腿肚或腳底，並帶有清新的薰衣草薄荷香。

花王獨家技術剖析 2

蒸氣溫熱技術

發熱體結合透氣片產生蒸氣溫熱感
讓熱傳導更有效率且增加深層作用

花王的蒸氣溫熱技術，可謂是打造出高人氣商品美舒律「蒸氣溫熱貼片」的核心技術。這項技術的關鍵在於發熱體與透氣片的最佳結合。發熱體中含有鐵粉與水分，當鐵粉與空氣中的氧氣接觸時，會發生氧化反應，產生溫熱與蒸氣（即蒸氣溫熱）。蒸氣溫熱再透過透氣片傳達至皮膚，讓舒適的溫度深入肌膚。

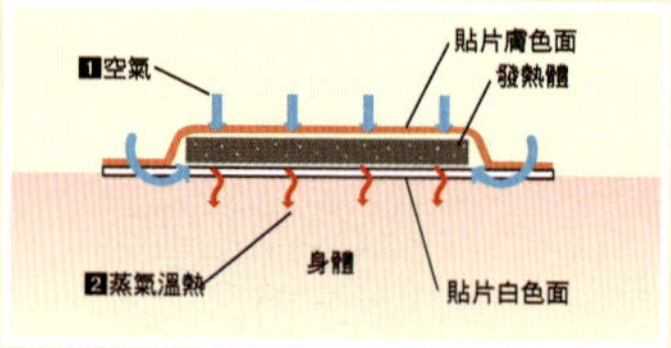

相較於乾熱型的暖暖包，濕熱型蒸氣溫熱貼片能在肌膚表面產生液化熱，從而提高熱能的傳導效率，且傳導範圍較深、較廣。花王便利用這一特性，將蒸氣溫熱的溫度控制在不會對肌膚造成負擔的約40℃，通過5至8小時的持續加熱，將熱能傳遞至身體深處，進而發揮促進循環、熱敷肌肉、消除肌肉疲勞、溫暖腸胃、舒緩神經痛與肌肉痛以及恢復疲勞等作用。

一般医療機器

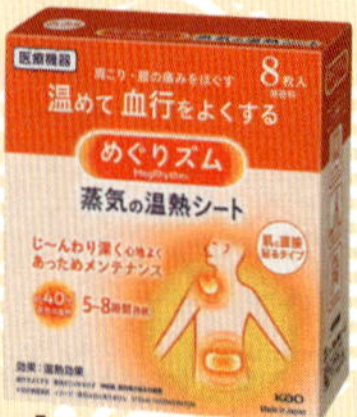

めぐりズム
蒸気の温熱シート
肌に直接貼るタイプ

¥ 4片 577円 / 8片 924円
16片 1,709円

可以直接貼在頸部、肩膀、腰、腹等部位的溫熱醫療器材。舒適的蒸氣溫熱深入患部，促進循環，有效舒緩肩膀僵硬與腰痛。

一般医療機器

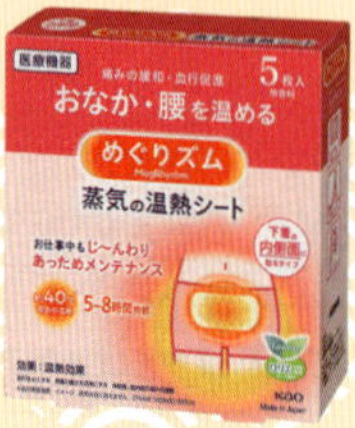

めぐりズム
蒸気の温熱シート
下着の内側面に貼るタイプ

¥ 5片 577円

可貼在衣物內側，溫暖腹部和腰部的醫療器材。舒適的蒸氣溫熱深入溫暖腹部和腰部，輔助促進血液循環，緩解神經痛和肌肉痛，並活化腸胃功能。

花王獨家技術剖析 3
低摩擦洗淨技術

聚焦現代人常見的肌膚乾燥問題
實現低摩擦與溫和潔淨

花王作為見證日本清淨史的企業，從一百多年前推出第一塊洗面皂以來，一直致力於研究並改良人們日常所需的洗淨產品。花王研究員發現，許多現代人在身體清潔時，因過度摩擦肌膚而導致乾燥問題。為了解放因用力摩擦「搓洗」而乾燥粗糙的肌膚，且同時實現溫和清潔，花王在2019年提出了「低摩擦清潔法」理念，開發出一系列不需過度摩擦即可達到溫和清潔肌膚的產品，包括身體清潔、洗顏和卸妝等領域。

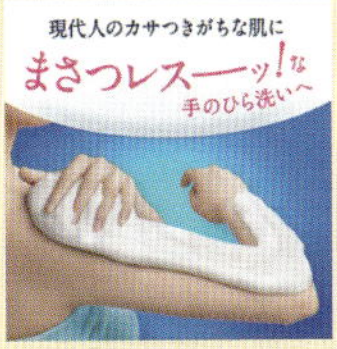

低摩擦沐浴泡

Bioré u
ザ・ボディ
泡タイプボディウォッシュ

¥ 540mL 823円

採用獨家三層起泡網壓頭，簡單就能壓出宛如生奶油般細緻滑嫩的雲朵泡。綿密的沐浴泡抹在肌膚時，會輕柔服貼在肌膚上，泡沫細緻持久，透過雙手就能實現低摩擦洗淨。透過泡沫作為緩衝層，不直接接觸肌膚，可輕鬆且溫和地潔淨全身髒汙。

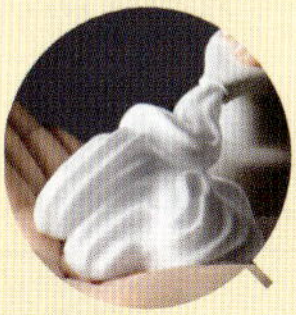

低摩擦潔顏泡

Bioré
ザ・フェイス
泡洗顔料

¥ 200mL 825円

採用花王獨家三層起泡網壓頭，單手就能壓出綿密有彈力的生潔顏泡。細緻且有彈性的綿密泡泡，雙手不直接接觸肌膚，就能夠在低摩擦的狀態下包裹並吸附髒汙。

低摩擦卸妝油

Bioré
ザ・クレンズ
オイルメイク落とし

¥ 190mL 1,298円

採用獨家瞬間浮妝技術，顛覆過往卸妝觀念的劃時代卸妝油。主打不須搓揉混合彩妝，只要塗抹在臉上，就能讓彩妝層浮起。接著只須用水沖洗，便能簡單卸除毛孔中的殘妝及防水彩妝、髒汙以及底妝。

ALLIE
持久美肌

ALLIE這個品牌誕生於2000年，歷經多次改版，已進化成為兼具機能性與提升美肌力的防曬品牌。ALLIE旗下有許多品項，使用這些產品便能打造完美膚感，無須額外使用彩妝。隨著2022年的品牌革新，ALLIE全系列產品皆採用海洋友善配方，兼顧環保議題，因此成為高人氣的防曬品牌。

同時應對7大煩惱！
抑制油光卻能讓肌膚散發出動人光澤的全新飾底乳

ALLIE
クロノビューティ ラスティングプライマーUV

¥ 25g 1,980円

長時間維持剛塗抹完成的視覺！擁有卓越耐久力的「美耐久飾底UV」。輕盈好推的質地，搭配散發出清透感的粉色，可說是任何人都適用的飾底防曬！使用後充滿水嫩滋潤感，讓粉底能完美服貼於肌膚，甚至還能預防脫妝與油光！即使上妝後，也能輕鬆補塗，維持完美妝感。使用起來帶有大吉嶺&香檸檬所調合而成的沉穩香調。
（SPF50・PA＋＋＋＋・UV耐水性★★）

已取得8小時持妝數據
(※ALLIE品牌調查結果, 效果因人而異。)

抗汗防水耐摩擦！
充滿水感的防曬水凝乳

ALLIE
クロノビューティ ジェル UV EX

¥ 90g 2,310円

質地極為輕盈好延展，抗汗防水又耐摩擦的防曬水凝乳！塗抹後不泛白，可長時間維持水潤感卻又不黏膩。服貼於肌膚的水凝乳，能讓肌膚長時間散發出完美的光澤感。不易沾附衣物，採海洋友善配方，非常推薦戶外活動時用來抵禦紫外線。透過高水準的紫外線防禦效果，來確實對抗陽光日曬。
（SPF50+・PA++++・UV耐水性★★）

任何人都能簡單完成底妝！
ALLIE持采濾鏡調色系列

ALLIE
クロノビューティ カラーチューニング UV

¥ 全3色 40g 1,980円

具備高水準紫外線防禦效果，以及自然毛孔修飾力的無粉底防曬※1。三種不同校色效果選擇，自然修飾膚色不均問題，打造滑順柔嫩的膚感。此外，還能長時間防止出油產生的油光困擾，讓肌膚隨時呈現完美狀態。
（SPF50+・PA++++・UV耐水性★★）

已取得8小時不易泛油光脫妝之數據（※妝感效果，ALLIE品牌調查結果，效果因人而異。）

※1意指未使用粉底時，也能完成自然底妝的防曬。

01
ENNUI PURPLE
紫陽明妍

簡單一抹，就可修飾暗沉與毛孔，讓肌膚更顯清透感的粉紫色。

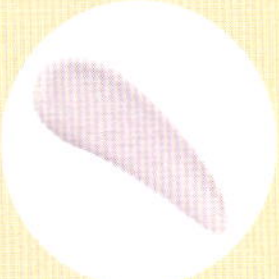

02
SUNNY APRICOT
杏桃茜妍

可修飾令人在意的黑眼圈與粗大毛孔，打造出有活力的血色感。

03
SHEER BEIGE
木質調勻妍

能自然修飾膚色不均與粗大毛孔，打造出優雅滑順的膚質感。

為維持紫外線防禦效果，在擦拭汗水之後，請隨時補擦。

※SPF為UVB的防禦效果指標，PA則是UVA的防護效果指標。SPF與PA皆為國際標準，為每1㎠塗抹2mg試劑後的測定數值，可作為防曬品的選擇參考。

KATE
專業時尚妝容最佳選擇

KATE 怪獸級持色唇膏

KATE リップモンスター

¥ 全17色（含Web限定色6色）1,540円

這款持久顯色且擁有極佳潤澤效果的怪獸級持色唇膏，自上市超過三年以來，依然擁有超高人氣！此次推出3款全新潮流色調，讓整個系列的選擇擴展至17色，滿足更多彩妝需求！

15

綿雲 33000ft

綿雲 33000呎

視覺柔和輕盈，容易上手的顏色！屬於中性色的紅棕色系，能巧妙與膚色融合，相當推薦作為怪獸級持色唇膏的入門款。簡單一抹，就能打造自然好氣色，也就是日本主流的「黏膜色」，可說是各種膚色都適合的百搭色！

16

100 億 ha の砂海

100 億公頃的沙境

帶有黃色系的砂褐色。感覺沉穩有深度的色調，最適合用來搭配雅緻灑落的妝感！由於顯色較為濃密，仔細塗滿雙唇輪廓的話，可讓妝感更顯典雅可愛！

17

神秘のローズ園

神祕玫瑰園

優雅洗鍊又帶有神祕感的玫瑰紅。在日本屬於主流的霧面視覺色，能夠打造出不過於浮誇的低調華麗感。適合用來搭配帶有藍色調或是灰色調的彩妝，也很適合搭配藕色系的眼影打造具有一體感的妝感！

KATE 無瑕美肌濾鏡氣墊
以色校色的新概念氣墊粉餅！完美潤澤打造水光美肌！

擺脫膚色框架，以色校色的氣墊粉餅。利用柔和色調潤飾膚色，展現自然亮澤，同時實現高修飾效果與明亮顯色的妝效。密著服貼的水光凍膜，使妝容、顯色和潤澤效果持久不脫妝！

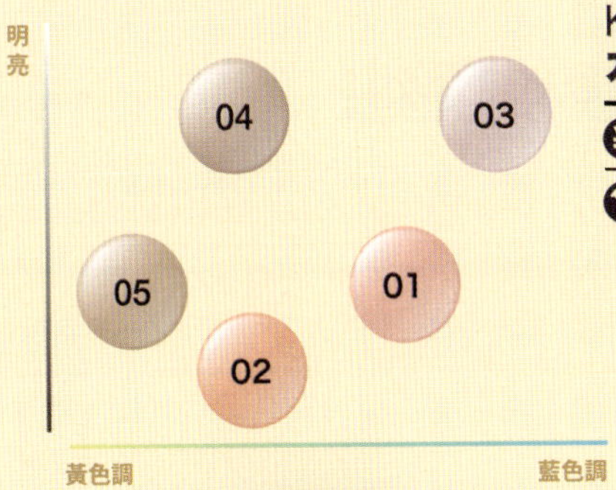

KATE
カラー&カバークッション

全5色 10g 2,640円

能確實修飾膚色不均及毛孔粗大，質地滑順且顯色清透的氣墊粉餅。採用KATE獨家的「密著水光凍膜」技術，可讓顯色、妝感以及潤澤度長時間維持完美。除此之外，擺脫膚色框架的嶄新曖昧色，讓每個人都能打造自己心中命定的膚色。打開盒蓋的瞬間，或許會覺得氣墊粉餅的顏色偏濃，但輕輕推展開之後，其顏色卻極為自然。使用起來滑順不黏膩且不易脫妝，就算彩妝初心者也能簡單上手！開心選擇自己喜歡的顏色，讓底妝更加自由多變！

01
フェアピンク
象牙粉紅
可增添血色感與優雅氣質。利用具有清透感的粉色，讓膚色的色調更加明亮。

02
フレッシュアプリコット
鮮嫩杏桃
可同時巧妙修飾黑眼圈，打造出充滿活力的開朗形象！

03
スノーライラック
皚雪丁香紫
適合略帶暗沉的肌膚，用來增添清透明亮妝感的紫色調。

04
ペールバニラ
薄紗香草
能讓膚色更顯明亮動人，也很推薦用來為局部強化打亮。

05
フレンチアイボリー
法式象牙白
能自然均勻修飾膚色不均，也很推薦搭配其他顏色來打造出立體妝感。

Bioré UV

連續4年蟬聯日本銷售No.1※1的防曬品牌
因應不同場合與用途
不斷進化出多種型態和類型！

※1 INTAGE SRI+防曬市場
2020年9月～2024年8月累計銷售金額&數量

日常防曬
Bioré UV AQUA RICH系列

Bioré UV
アクアリッチ
ウォータリーエッセンス

¥ 70g 968円

選擇障礙者首選！清透的水感精華質地，可同時當作妝前飾底乳使用。質地清透輕盈得令人感動，獨特水感凝體技術，還能防止日曬造成肌膚乾燥。雖是超防水配方，卻能用一般潔顏產品卸除，使用起來一點也沒有負擔！
（SPF50+・PA++++・UV耐水性★★）

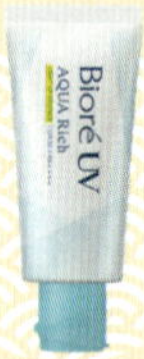

Bioré UV
アクアリッチ
ライトアップエッセンス

¥ 70g 1,078円

不靠人工色素，只利用日光增添自然清透感※的晶凝煥光防曬！簡單一抹揮別暗沉感，輕鬆打造自然白皙的膚色。臉、頸、手，全身都能使用！
（SPF50+・PA++++・UV耐水性★★）
※妝感效果

Bioré UV
アクアリッチ
アクアプロテクトミスト

¥ 60mL 1,188円

在日本人氣爆棚的極水感含水防曬水珠噴霧！不須搖晃瓶身就能直接使用。不只是頭髮與頭皮，顛倒瓶身後還能噴灑於雙腳等全身部位，用於補擦防曬也超方便！用於臉部時，建議先噴在掌心後再塗抹至全臉。
（SPF50・PA++++・UV耐水性★★）

戶外活動&運動防曬
Bioré UV Athlizm系列

Bioré UV
Athlizm
プロテクトエッセンス

¥ 70g 2,200円

可緊密服貼肌膚，發揮超強防水耐汗機能的極防水防曬精華。超級適合想要強大防曬力，卻又不喜歡黏膩使用感的人。
（SPF50+・PA++++・UV耐水性★★）

Bioré UV
Athlizm
プロテクトミスト

¥ 70mL 2,200円

採用新型噴頭，簡單一壓就能大範圍噴灑的防曬噴霧！顛倒瓶身也能使用，完整為背部與頭髮做好防曬，可說是戶外活動不可或缺的紫外線防禦幫手！
（SPF50+・PA++++・UV耐水性★★）

Bioré UV
Athlizm
プロテクトスティック

¥ 10g 1,980円

可強化局部防曬的防曬棒。採用含水配方，塗抹起來極為滑順。適合用來強化防禦臉頰、鼻頭以及額頭等容易受到日曬的部位，是化妝包裡不可或缺的固定班底。
（SPF50+・PA++++ ・UV耐水性★★）

日本僅有部分連鎖藥妝店販賣

美舒律蒸氣眼罩

20分鐘的40℃溫熱感
宛如泡澡後的心曠神怡
日本最暢銷的蒸氣溫熱眼罩

舒適的40℃, 舒服的20分鐘。無論在任何場合, 所有想要獲得片刻舒緩的人, 都應該準備一片在身邊!

在許多人的日本藥妝店購物清單中，花王的美舒律蒸氣眼罩幾乎是必備商品。它舒服到令人心曠神怡的溫熱感，讓人感到無比舒適，成為許多人不可或缺的放鬆選擇。許多愛用多年的鐵粉，習慣在工作的休息空檔或睡前使用，讓溫暖的蒸氣包覆著辛苦工作的雙眼及眼周。另一方面，也有不少旅人會在長時間飛行或交通移動時，隨身攜帶一片蒸氣眼罩，以獲得更加放鬆的旅程體驗。

めぐりズム
蒸気でホットアイマスク

¥ 5片 575円 / 12片 1,306円

堪稱日本國內銷售NO.1，訪日遊客支持率也居冠的蒸氣眼罩。2022年的品牌改版中，針對眼罩主體進行大幅度改良，讓眼罩本身變得更蓬柔。在蒸氣的輔助之下，眼罩本身變得加倍蓬軟，而且更加服貼眼部周圍。

無香料
無香型

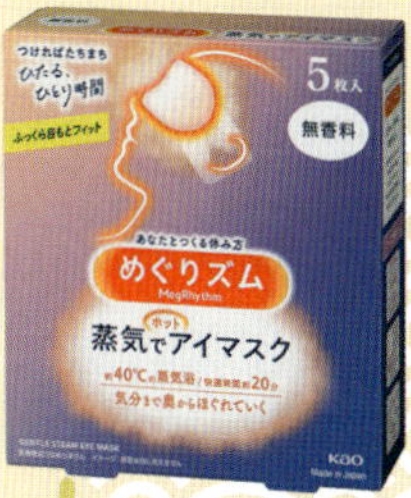

ラベンダーの香り
薰衣草香

カモミールの香り
洋甘菊香

ローズの香り
玫瑰花香

完熟ゆずの香り
柚子果香

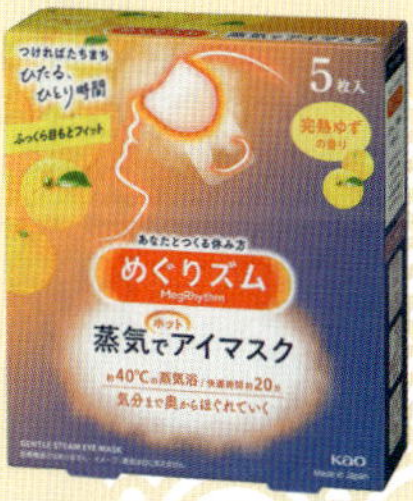

森林浴の香り
森林浴香

melt

勇奪日本流行權威雜誌最佳洗髮乳、護髮乳等多項大獎

「melt」是一款主打能讓髮絲柔軟，散發出水潤光澤的頭髮洗護品牌。品牌的訴求核心，是透過聲音、泡沫、觸感以及香氣等多種感官方式，讓使用者在放鬆身心的同時變美的「休息美容」。

melt
クリーミーメルトフォーム

¥ 12包 2,200円

能夠產生綿密濃稠生碳酸泡※1的碳酸泡潔髮粉，是一款概念來自頭部SPA的頭皮淨化商品。濃密的碳酸泡能完整包覆頭皮，潔淨毛孔髒汙與多餘皮脂。徹底潔淨頭皮後，還能提升後續護髮成分的滲透力。相當適合拿來為頭皮做特別的清潔與保養。

※1 粉末加水後所產生的碳酸泡。

melt
モイストシャンプー & モイストトリートメント

¥ 各480mL 1,760円

採用複合修復配方，能同時針對受損髮絲的表面與內側發揮集中修護機能。另外還搭配能夠深層潤澤髮絲內部的滲透精華成分※2，可幫助找回原有的柔順感與光澤，同時讓秀髮更顯水潤，散發出動人的亮澤感。

※2 水解角蛋白（羊毛）、水解絲蛋白、水解膠原蛋白、水解珍珠蛋白、二（月桂醯胺穀氨醯胺）賴氨酸鈉、玻尿酸鈉、乳酸（賦予光澤和保濕）

melt
スパークリングケアスプレー

¥ 130g 1,430円

洗完澡，使用毛巾擦乾頭髮後，用於保養髮絲和頭皮的護髮碳酸泡。使用時先將碳酸泡噴在頭皮上，再用掌心輕輕按壓，擁有彈跳感的美容泡便會促使保濕美肌成分σ※3滲透至髮絲內部。碳酸泡所發出的啵滋啵滋聲，也給人一種有趣的感受，使用後更會感到頭皮顯得清爽舒暢！

※3 荷荷芭籽油、二（月桂醯胺穀氨醯胺）賴氨酸鈉、玻尿酸鈉、尤加利葉萃取物、甘草酸二鉀、乳酸鈉

melt
モイストコンディショニングウォーター

¥ 170mL 1,430円

能將滿滿潤澤感鎖進秀髮，打造動人亮澤髮絲的髮用化妝水，採用濃密補水精華配方。能預防並修護熱吹整或摩擦對頭髮所造成的傷害！使用後的髮絲可加速吹乾，減少熱吹整所需的時間，而且隔天起床後頭髮也不容易亂翹，讓出門前整理頭髮變得更加輕鬆！

ines
髮控女孩必收

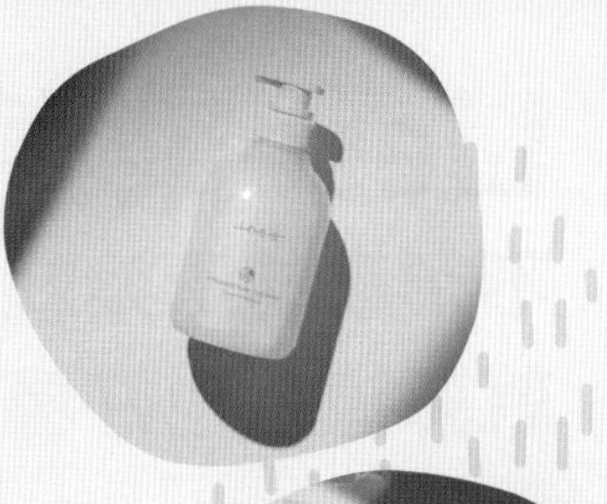

「ines」是一款專注於天然成分、使用質地以及香氛表現的洗護髮品牌。從保養肌膚的概念，聚焦於頭皮循環護理，透過「洗淨」、「柔化※1」、「潤澤」等步驟來提升頭皮健康度，進而打造出美麗動人的秀髮！

※1 透過賦予滋潤度的方式，發揮柔化頭皮的機能。

一個步驟就能讓頭皮與髮絲享受奢華美容的洗髮乳

ines クリームセラム クレンズ

¥ 480mL 3,850円

同時兼具潔淨頭皮、潤澤頭皮、清潔髮絲和修護髮絲等四大機能的洗髮乳。質地宛如美容乳霜般濃密滑順，能減緩洗髮時對髮絲造成的摩擦，讓洗後的髮絲從髮根到髮尾都顯得滑順。採用天然精油成分，調合出優雅的白茉莉＆天竺葵香氛。

適合搭配按摩頭皮使用的磨砂洗髮精

ines ジェントル スクラブ クレンズ

¥ 400g 3,300円

細緻的海鹽磨砂粒※2能溫和地在頭皮化開，並且潔淨頭皮毛孔的髒汙，讓頭皮感到清爽舒暢。採用天然精油成分，調合出清新的萊姆＆香檸檬香氛，讓人在按摩頭皮的同時，不禁想要放鬆的深呼吸。

※2 布列塔尼海鹽・玉米澱粉、纖維素、氟硅酸（Mg/K）、（馬來酸/乙烯醇）鈉共聚物（清潔輔助劑）

添加美容泥成分柔化頭皮與髮絲的護髮乳

ines タラソ スパ クリーム

¥ 230g 3,300円

添加來自摩洛哥的火山泥，同時搭配美容泥成分※3的護髮乳。仔細按摩頭皮與髮絲的同時，整間浴室都會充滿令人感到舒暢的清爽感。採用天然精油成分，調合出沉穩的檀木＆茉莉花香。

※3 加索爾黏土、海藻萃取物、甘油（保濕成分）

Liese染髮凝膠

不須事前漂染就能染出透明感髮色！就算掉色也好看的新感覺染髮劑

「泡泡染髮劑」先驅品牌Liese再次推出全新染髮系列！「**ティントカラージェル**」是一款無須事先漂染，可在家染出沙龍級日系透明感髮色的全新染髮凝膠系列。Liese獨家研發的高附著凝膠型染髮劑，具備比傳統泡泡染髮劑更強的滲透力，有效避免漂染後常出現的髮色偏黃問題。不僅如此，染後的髮色隨著時間推移的自然掉色，呈現出不同的色彩層次變化，讓人充滿期待！這款染髮劑像護髮霜一般容易塗抹，就連初學者也能輕鬆染出完美髮色。接下來，日本藥粧研究室將為各位挑選幾個主流的人氣髮色！

リーゼ
ティントカラージェル

¥ 全11色 1,210円
內含：第1劑 55mL、第2劑 110g、沖洗式護髮素 8gx2包、非沖洗式護髮霜 5gx2包

Milky Beige
小麥牛奶棕

不須事前漂染，就能染出如此具有透明感的柔和奶茶系咖啡色。即便是屬於明亮色調，視覺上卻不會太過於搶眼，是任何膚色都適合的時尚髮色。

Olive Khaki
橄欖卡其綠

視覺印象強烈的灰色系。無論是休閒裝扮或是時尚穿搭，都相當適合搭配這樣的橄欖灰綠髮色。

Latte Greige
榛果拿鐵灰

視覺柔和的拿鐵灰棕色，是一種適合搭配所有造型的萬搭色。不會過於搶眼，也不會顯得暗沉，掉色過程的變化也令人相當期待，是一款染髮初心者也適合的入門髮色。

Mocha Greige
摩卡卡其灰

不喜歡髮色偏紅或偏黃的人，就相當適合這種感覺輕盈清透的摩卡灰棕色。由於能讓髮絲視覺更加立體，因此非常適合搭配丸子頭這類上盤髮型！

Sheer Gray
透明薄霧灰

視覺上比黑髮還要輕盈的透明薄霧灰！即便是搭配長髮，也不會有厚重的感覺，反而會讓過肩下放的髮型顯得更加時尚有型！

深受日本女性喜愛！
瀏海髮妝小物正是時尚主流

無論是空氣感薄瀏海、大側斜瀏海，還是能夠打造小臉視覺效果的觸角瀏海，都是深受時下日本年輕女性所喜愛的人氣髮型。因此，打造這些流行瀏海造型的髮妝小物，在年輕女性間備受青睞！這次，日本藥粧研究室將為大家介紹Liese莉婕與CAPE推出的兩款人氣瀏海髮妝小物！

只要輕拍幾下
油膩的瀏海也能清爽復活

リーゼ
サラサラ
前髪復活パウダー

¥ 5g 1,430円

Liese莉婕的清爽瀏海復活蜜粉，是一款能預防瀏海造型走山的蜜粉型態髮妝品。搭配粉撲輕拍幾下，糾結成束的瀏海就能瞬間復活，變回出門前剛打理好的完美狀態！蜜粉本身不只強力抗油，使用起來也不會浮粉或讓髮絲觸感卡卡。不只是髮絲，還能直接輕拍於額頭上使用，根本就是重塑瀏海造型的救世主！

來自高人氣髮妝噴霧「黑色CAPE」
任何瀏海都能從早到晚完美定型的瀏海造型刷

ケープ
FOR ACTIVE
前髪ホールドマスカラ

¥ 9g 1,320円

不只能精準捕捉瀏海髮絲，還能細微調整造型的小型瀏海造型刷。簡單一刷，就能像梳子般輕鬆刷出自己想要的瀏海造型！硬度適中的造型力，能強力維持瀏海狀態直到傍晚！不只是瀏海，也能拿來讓亂翹的髮絲乖乖服貼。凝膠本身採獨家定型配方，即便是濕度高或是活動一整天的日子，也能發揮完美造型力。

MOLTON BROWN

該品牌於1971年誕生於英國倫敦，最初是一家位於South Molton街的時尚美髮沙龍。在1980年代推出英國首款高級香氛洗手露後，迅速贏得英倫民眾的喜愛，並逐漸成為五星級飯店的指定客房備品。2012年，該品牌更被英國女王伊麗莎白二世選為皇室御用香氛品牌。但可能許多人仍不知道的是，這個備受全球愛戴的香氛品牌，已於2005年成為花王集團的一員，進一步拓展其國際市場。

Molton Brown的香氛代表作「島木黑椒 Black Pepper」出自於英國知名調香大師Jacques Chabert之手。十年後，與其女Carla Chabert之手創造出的「炙烈粉椒 Pink Pepper」一同成為經典組合。「島木黑椒」是彷彿辛辣微風吹拂炙熱大地後，深入森林之中的氛圍，而「炙烈粉椒」則是以木質香氣為基底，又帶有華麗且清爽的味道。

島木黑椒淡香精
(Re-Charge Black Pepper)

¥ 100mL 22,000円

前調：辛辣黑胡椒、檸檬、生薑
中調：芫荽草、羅勒、紫羅蘭葉
後調：香根草、橡木苔、龍涎香

炙烈粉椒淡香精
(Fiery Pink Pepper)

¥ 100mL 22,000円

前調：粉紅胡椒、柑橘、欖香脂、小蒼蘭
中調：生薑、茉莉、荳蔻、玫瑰
後調：廣藿香、雪松、橡木苔

merit

花王於1970年所推出的經典長銷洗髮精品牌merit。品牌問世之初，merit的特色是當年相當新潮的「預防頭皮癢及頭皮屑」，是強調同時能清潔頭髮與頭皮的洗髮品牌。直到2001年，merit保留了原先頭皮護理的特點，並融入能夠潤澤頭皮與秀髮的功能，推出主打全家大小都適用的「弱酸性洗潤系列」。儘管品牌至今已有超過50年的歷史，merit依舊是日本消費者心目中的髮品定番品牌。

主打溫和弱酸性且無矽靈，洗後髮絲滑順的長銷洗潤系列。添加尤加利萃取物、洋甘菊萃取物及保濕成分，能保護頭皮及髮絲在洗後顯得清爽但不乾澀。另一個特色是泡泡容易沖洗，能簡單沖淨頭皮與髮絲上的泡泡。

merit

¥ 480mL 710円
(洗)シャンプー
(潤)コンディショナー

Essential Premium

許多人對於Essential的第一印象，就是能打造天使光環的「髮絲毛鱗片護理」洗潤品牌。在這樣的產品訴求之下，更多人了解到髮絲表面毛鱗片的存在及其對髮質健康的重要性。2024年春天，花王大力推動Essential的品牌形象刷新，以「Brighten Me Up!」為核心理念，推出全新Essential Premium系列，主打「洗髮時的瞬間、觸摸髮絲的瞬間，因為滑順的觸感而帶來內心的感動」。

洗髮精採用胺基酸洗淨成分，不只擁有出色的潔淨力，宛如舒芙蕾般蓬柔的泡泡還能保護髮絲，避免在洗淨過程中過度摩擦而受損。另一方面，護髮乳則是能在受損髮絲表面形成特殊的保護膜，同時集中修復髮絲內部。即便到了隔天早上，頭髮仍然清爽且保有光澤感。

Essential Premium シルキー&スムース

¥ 450mL 1,320円
(洗)うるおいバリアシャンプー
(潤)うるおいバリアコンディショナー

Segreta PREMIER

原本就致力於髮絲抗齡保養的Segreta，在2024年這波品牌形象重塑下，推出訴求機能美且充滿奢華感的「Segreta PREMIER」系列。該系列集結花王髮絲研究先進技術結晶，不只有著濃密的觸感、有層次的香氛，更有獨特出色的包裝設計，可說是同時滿足觸覺、嗅覺以及視覺的奢華享受。

濃縮美容液洗髮精如其名，添加品牌史上最多的精華成分，堪稱是用精華液仔細地洗淨每一根髮絲。另一方面，質感變化潤髮乳則是擁有極為濃密的質地，但抹上髮絲的瞬間卻會迅速化為滑順的精華液質地，完整包覆並深入滲透受損髮絲。在香味方面，則是以稀有的日本薔薇為基底，融合天竺葵、依蘭依蘭、杏桃與麝香，能散發出極具層次的香氛。最特別的是宛如美魔女靈藥瓶般的包裝設計，給人神祕且獨特的視覺衝擊！

Segreta PREMIER

¥ (洗)凝縮美容液シャンプー
200mL 2,420円
(潤)質感変化トリートメント
200g 2,420円

CHAPTER

2

大正製藥

日本OTC醫藥品市場領導品牌

大正製藥

大正製薬株式会社

創業契機是為了改善日本人營養狀況
逐步發展成為代表日本的百年製藥大廠

大正製藥，是一家你我都再熟悉不過的日本知名大藥廠。大家的藥妝店購物清單中，常見的百保能綜合感冒藥、口內炎貼片、力保美達D以及表飛鳴，其實都是這家百年藥廠旗下的長銷熱門品牌。

1912

西元1908年，大正製藥的創業者——石井絹治郎在東京開設了一家名為「泰山堂藥局」的個人藥局。當時的日本人深受腳氣病和肺結核等國民病所苦，且用於預防疾病的滋養強壯藥物絕大多數都須仰賴國外進口。

位於關口町的總公司

為了減少仰賴進口藥品，石井絹治郎決定自行研發當時被視為主流營養劑的血紅素製劑，並於1912年正式創立了「大正製藥所」。這一年，也正好是民國元年。

大正製藥的第一款原創藥品，是一款名為「體素」的血紅素製劑。在營養不良問題嚴重的1910年代，血紅素製劑在日本被視為相當珍貴的滋養強壯成分。然而，這種萃取自生牛血的藥品帶有一股許多人難以接受的血腥味。

大正製藥所推出的「體素」針對這一點進行了改善，並在當年的報紙廣告中強調「無血腥異味，宛如糖果般美味，無論婦人或兒童都喜歡」。這一點恰恰體現了大正製藥迎合時代進行改革的企業DNA。

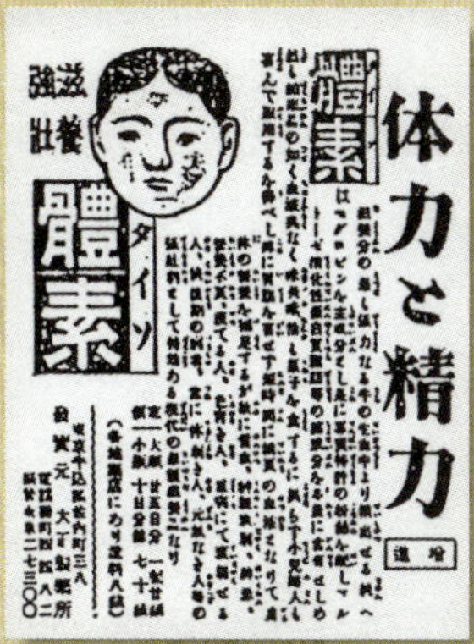

對於這項創業明星商品，石井絹治郎煞費苦心地投入許多資源大打廣告。由於主打補血強壯劑霸王的品牌形象，在當時的報紙廣告，乃至於掛在藥局裡的金招牌上，全都畫上身強體壯的肌肉男性。如此吸引目光且具話題性的廣告手法，在民風保守的當時可說是相當少見。正因為如此，才能深植人心，讓「體素」一躍成為熱銷商品。

即便現在的日本藥妝店中已不見「體素」的蹤影，但是從滋養強壯以及活力十足的肌肉男性代言人等關鍵元素來看，其實都和誕生於1960年代的力保美達D有著高度相似之處。從這一點不難發現，在過去百年當中，大正製藥的企業核心依舊鎖定在提升日本人的健康與活力。

大正製藥所創業初期商品

大正製藥在創業初期打響名號的商品，包括：滋養強壯藥「體素」、小兒感冒藥「女神」和小兒胃腸藥「兒強劑」等。早在百年之前，大正製藥就已經成為許多父母心目中的育兒幫手。

無論是商品命名思維或包裝設計風格，在當年都算得上是業界翹楚。即便以現代的角度來看，也是創意性十足的復古風格，完全不受時代變遷影響而落得俗套。

除了上述商品之外，大正製藥在創業之後仍舊不斷迎合大眾需求，開發出各式各樣的藥品。其中不乏許多命名、包裝設計及產品訴求都相當具有記憶點的商品。只可惜，有不少有趣的商品已消失在歷史的洪流之中。

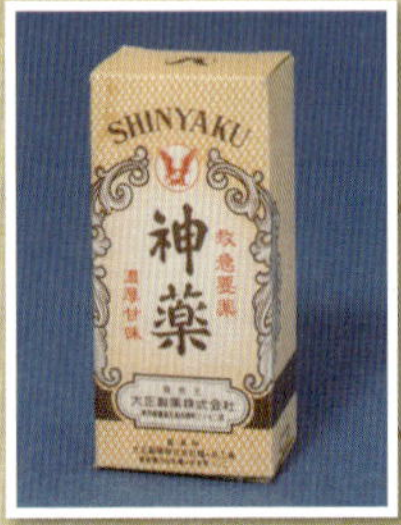

神藥

命名相當具有震撼力，任何人看過一次就會畢生難忘的退燒藥。

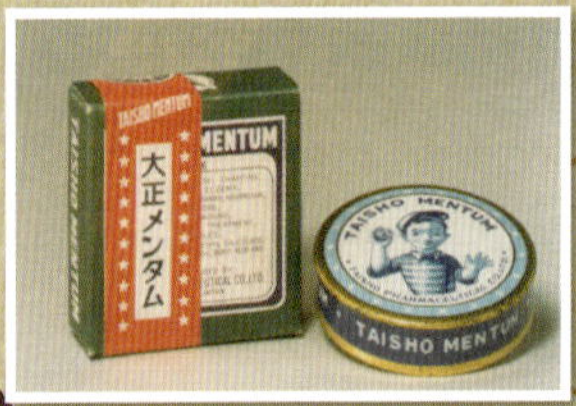

大正面達姆

當年市面上相似品牌相當多，是幾乎家家必備的萬用軟膏。

毛生液

早在70多年前，大正製藥就已經注意到生髮市場的潛力。

長銷品牌的搖籃
商品種類爆發式成長的1950～1960年代

二戰結束後，百廢待舉的日本逐步從戰後復興階段進入經濟高度成長期。在這段期間，大正製藥推出的商品種類也呈現爆發式成長。根據內部的業務報告書記載，大正製藥在1951年的供應商品種類超過300種，涵蓋日本人生活中各種醫藥品的需求。

例如，堪稱大正製藥金字招牌的營養補充飲品力保美達D（LIPOVITAN D）、綜合感冒藥百保能（PABRON）、止痛藥（NARON）、暈車藥（SEMPER）、眼藥水（IRIS）和香港腳治療藥（DERMARIN）等，全都是誕生於這段期間的長銷品牌。

1953年問世的第一代「SEMPER」結合了抗組織胺成分與強心成分，當年的適應症除了預防暈車暈船之外，還具備預防偏頭痛的作用。歷經多次改版，現今的「SEMPER」成為日本藥妝店中的高人氣動暈症用藥。

大正製藥眼藥水品牌「IRIS」誕生於1957年，於1966年推出「IRIS GOLD」，添加了對於眼睛疲勞改善效果更加優秀的活性化維生素B_2而熱賣。歷經多次產品改版與新品開發，「IRIS」成為日本藥妝店當中的知名眼藥領導品牌之一。

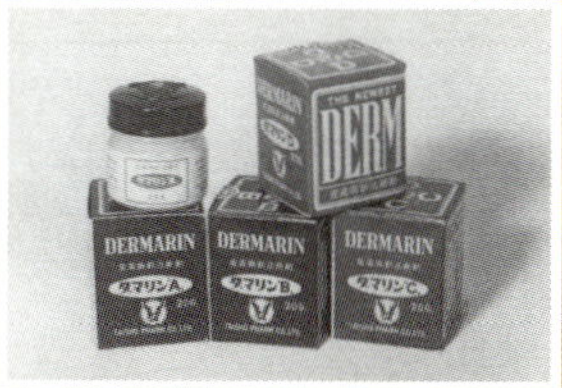

同樣於1953年推出的「DERMARIN」，在當年堪稱深受皮膚科醫師青睞的皮膚藥系列。整個系列依據成分與質地不同分為四種類型，可分別應對殺菌、止癢、白癬、疥癬、痤瘡和凍傷等常見皮膚症狀。現今的「DERMARIN」則逐步進化成為專注於足癬（香港腳）的專業品牌。

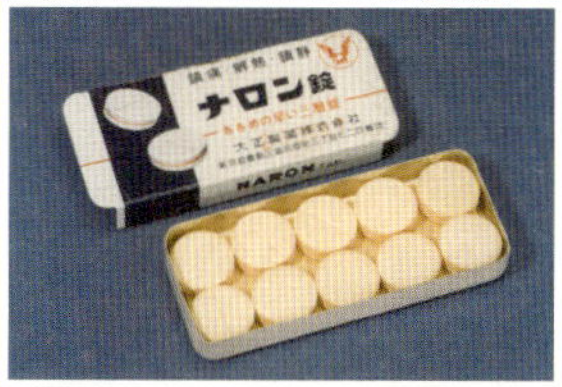

1960年上市的「NARON」錠，採用當年最新的三層構造技術，搭配高質感的鐵盒包裝，甫上市便成為熱門的止痛藥。直至今日，「NARON」依舊是日本人的止痛藥首選品牌之一。

大正製藥與老鷹商標

老鷹商標可說是大多數人對大正製藥的第一印象。不僅充滿威風凜凜的霸氣感，以老鷹為主角的商標也相當少見。在制定商標時，大正製藥的社長指示要遵循兩大原則：其一是「任何人一看就認得出來」、另一方面，由於1950年代的日本是以收音機作為主要宣傳渠道，因此第二個原則就是「只用聽的也能馬上理解的圖樣」。

據傳，大正製藥最早考慮選用百獸之王——獅子作為商標。然而，當時日本獅王公司已經採用獅子圖樣作為商標的一部分。經過一番思考與討論，最後於1955年選定「鳥中之王」——老鷹登錄為企業商標。

百保能 PABRON

從止咳藥進化到綜合感冒藥 長銷近百年的感冒藥金字招牌

在許多人的日本藥妝購物清單中，紅金盒裝的大正百保能GOLD A是常見的固定班底。然而，你也許不知道，這個在臺灣和日本兩地認知度極高的綜合感冒藥，其實是一個已銷售將近百年的經典品牌。

第一代PABRON 專治咳嗽問題的止咳藥

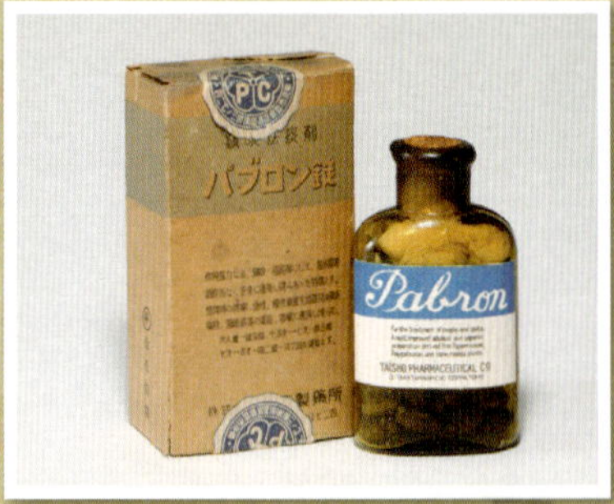

第一瓶「PABRON」誕生於1927年，當時是專門用來對付咳嗽症狀的藥品，與現今我們所熟悉的綜合感冒藥有所不同。

根據官方資料，「PABRON」是代表「應對咳嗽症狀」的意思。從上市到1950年代中期，「PABRON」一直都是日本民眾相當熟悉的止咳常備藥。

從1954年的報紙廣告來看，不難看出當年的「PABRON」就是一款專門對付咳嗽問題的止咳藥。

PABRON品牌的重要里程碑
轉型成為家喻戶曉的綜合感冒藥

在上市將近30年之後，「PABRON」於1955年首次進行品牌轉型，變成能夠同時應對多種感冒症狀的綜合感冒藥。

第一代的「PABRON」綜合感冒藥分為A、B兩種類型。A類型添加了退燒止痛、止咳及抗組織胺等成分，主打在咳嗽症狀明顯時適合服用的綜合感冒藥。而B類型則去除了止咳成分，強調適合在出現發燒症狀時服用。近年來，不少綜合感冒藥品牌紛紛推出針對退燒止痛、止咳和鼻炎等問題的症狀強化型綜合感冒藥，但「PABRON」早在1955年就提出了這樣的概念，可以說是走在相當前面呢！

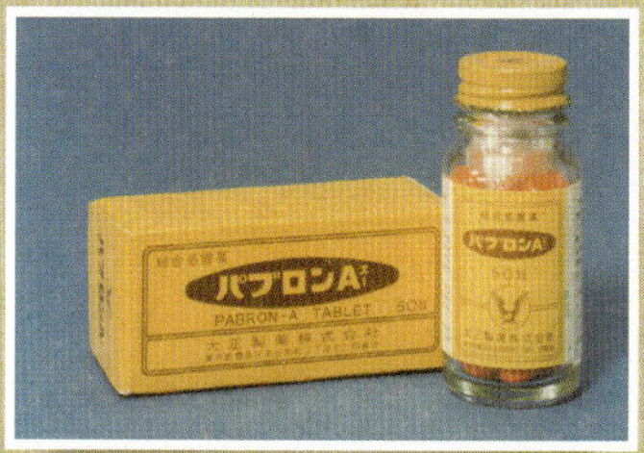

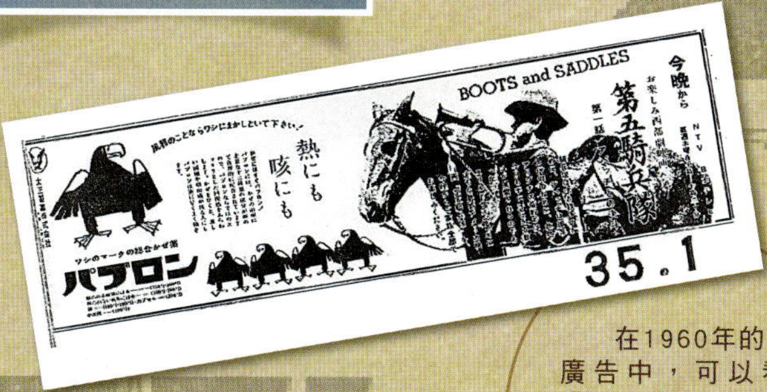

在1960年的報紙廣告中，可以看出「PABRON」已經轉型成為綜合感冒藥，其適應症同時包括了咳嗽及發燒等症狀。

配方研發鎖定「呼吸道黏膜防禦機能」臺日兩地的高人氣綜合感冒藥品牌

走進日本藥妝店的感冒藥專區，常會看到滿滿的「PABRON」陳列於架上。自1927年第一瓶止咳藥上市以來，「PABRON」大家族已經衍生出超過10個系列。其中包括「訪日華人指定款GOLD A」、「強效進化款Ace Pro-X」以及「小朋友專屬款kids」。

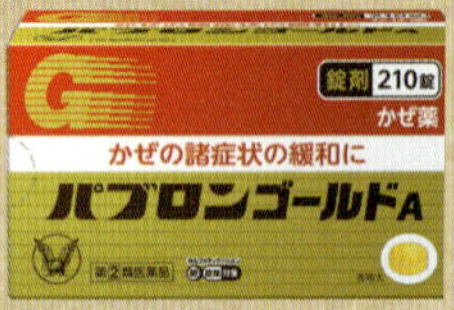

訪日華人指定熱銷款 GOLD A系列

眾多臺灣旅客再熟悉不過的紅金配色外盒，是走進日本藥妝店時幾乎人人必掃的家庭常備綜合感冒藥。適合在感冒初期，身體不適時使用，以緩解不適症狀。產品方便攜帶，採用獨立分包裝，以及容易服用的藥粉劑型。如果不喜歡藥粉的苦味，也可以選擇配方完全相同的小錠劑版本。

指定
第 2 類
医薬品

パブロンゴールドA〈微粒〉
パブロンゴールドA〈錠〉

大正製薬

12歲以上

微粒タイプ
28包 2,057円 / 44包 3,025円
錠剤タイプ
130錠 2,057円 / 210錠 3,025円

對付難纏感冒的強效進化款 Ace Pro-X系列

近幾年，許多想更快解決感冒不適症狀的人，都會選擇藍金版百保能Ace Pro-X。從成分來看，其退燒止痛成分布洛芬的單日劑量達600毫克，為日本OTC醫藥品中的最高劑量。並搭配3種止咳祛痰成分和2種針對鼻塞與鼻水症狀的成分。藥粉採用獨家包覆技術，能降低入口時的苦味。在錠劑方面，則採用速溶技術，使錠劑中的有效成分能迅速溶解並發揮藥效。

指定
第 2 類
医薬品

パブロンエース Pro-X 微粒
パブロンエース Pro-X 錠

大正製薬

15歲以上

微粒タイプ
6包 1,518円 / 12包 2,178円
錠剤タイプ
18錠 1,518円 / 36錠 2,178円

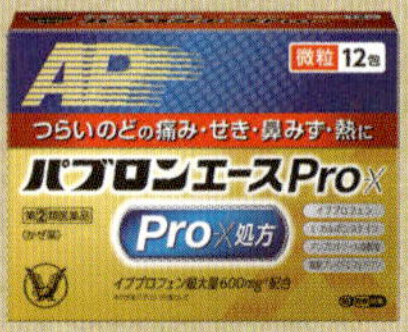

可愛「巧虎」包裝孩童綜合感冒藥kids系列

專為兒童研發的「PABRON kids COLD系列」在2023年進行品牌形象改版，包裝上印有兒童界偶像天王「巧虎」的圖樣。不僅包裝深受小朋友喜愛，也是專為兒童感冒設計的產品。根據不同年齡層的兒童服藥特性，開發出糖漿、藥粉和錠劑三種類型，同時排除咖啡因和其他可能讓兒童睡不著或昏昏欲睡的成分。

第2類 醫藥品

パブロンキッズかぜシロップ

大正製薬

3個月～6歲

120mL 990円

出生後3個月以上就能服用的草莓風味感冒糖漿，適合還不會吞服藥粉或藥錠的嬰幼兒。

第2類 醫藥品

パブロンキッズかぜ微粒

大正製薬

1～10歲

12包 990円

適合1～10歲孩童的草莓口味感冒藥粉。藥粉本身溶解速度快，是小朋友會喜歡的草莓風味。

第2類 醫藥品

パブロンキッズかぜ錠

大正製薬

5～14歲

40錠 990円

適合5～14歲孩童服用的感冒藥錠。藥錠體積小，且外層包裹著極薄的糖衣，入口時帶有微甜感而容易服用。

力保美達 Lipovitan

專注牛磺酸與人體健康的研究 元氣飲小冰箱誕生的幕後推手

喜歡逛日本藥妝店和超商的你，可能注意到許多門市的出入口附近，都有一個擺滿元氣飲品和美容飲的小冰箱。其實這些小冰箱和60多年前誕生的「力保美達D」有著密切的關係。

大正製藥於1960年推出的「力保美達液」，實際上是現今仍常見的「力保美達D」的原型。主成分為維生素B群、牛磺酸和硫辛酸的力保美達液，在當年的主打效能包括強肝解毒、消除疲勞及改善虛弱體質，一看就知道是為了忙碌的上班族所研發。

據說，當時採用玻璃安瓶包裝的主要原因是為了讓消費者聯想到注射針劑，營造一種快速發揮效果的感覺。果不其然，力保美達液上市後迅速竄紅，隨處可見上班族們在藥局門口折斷安瓶的瓶嘴，啜飲著這能幫助自己擺脫疲勞的珍貴元氣飲。

力保美達液迅速竄紅的另一個主要原因，就是普遍認知當中，所謂的「藥物」都是苦澀而難以入喉的，但力保美達液卻有著甜甜好入口的滋味，易於飲用。

經過持續改良風味後，大正製藥推出了容量更大、能像飲料一般輕鬆飲用的「力保美達D」。第一代「力保美達D」的瓶蓋設計頗為新穎，往上推就能彈開瓶口，可以插入吸管進行飲用。在健康意識逐漸萌芽的啟蒙時代，「力保美達D」的健康形象深植人心，成為元氣飲文化的開創者。

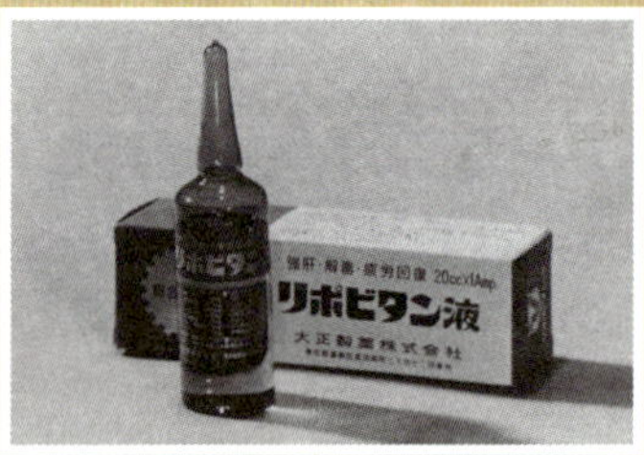

因力保美達D推廣活動而誕生 在日本已成日常的超商小冰箱

當年在推廣「力保美達D」時，大正製藥提出了一個前所未有的創新思維——將其定位為「冰過再喝的藥品」。雖然站在銷售第一線的藥局從業人員對這種行銷手法表示難以理解，但消費者的反應卻出奇熱烈。對於當時的上班族而言，站在藥局門前喝一瓶沁涼的「力保美達D」，不僅能為自己打氣加油，更成為一種時尚品味的象徵。

當年放在藥局門口顯眼處，用來冰鎮「力保美達D」的小冰箱，隨著元氣飲文化成為日本生活的一部分，逐漸融入藥妝店和超商，成為萬店必備的重要櫃位。

「力保美達D」主打消除疲勞與提升活力，因此在上市初期便找來當時人氣超高的巨人隊球星——王貞治擔任代言人，而且代言合作還長達十年之久。

輔助產生能量！力保美達的核心主成分——牛磺酸

關於牛磺酸的最早記錄可以追溯到約200年前的1827年，當時德國研究人員從牛膽汁中萃取出這種成分。雖然人類早已發現牛磺酸的存在，但對於牛磺酸在人體中所扮演的角色，卻一直處於不明確的狀態。

直到1940年代，大正製藥發現日本海軍透過攝取牛磺酸來緩解日常疲勞，因此在前軍醫的協助下，展開了牛磺酸商品化的研究。歷經約20年研究與多次試驗，大正製藥終於在1962年推出「力保美達D」。事實上，除了消除疲勞外，牛磺酸最廣為人知的效果還包括降低膽固醇與三酸甘油脂、輔助血壓維持正常以及強化肝臟解毒能力。對於許多日本上班族而言，「力保美達D」可謂是照顧自己的一個小法寶。

自1962年第一瓶「力保美達D」問世以來，大正製藥根據日本民眾不同的需求和偏好，以『牛磺酸』主打成分為基礎，不斷推出主題和配方各異的「力保美達」飲品。目前，在日本藥妝店和超商流通的產品類型超過20種，面對如此琳瑯滿目的選擇，大家可能會感到選擇困難。在這裡，日本藥粧研究室為大家精選出5款經典和推薦的產品。

牛磺酸：1,000mg

適合每天努力打拚的你。

指定医薬部外品

Lipovitan リポビタン D

大正製薬

100mL 180円

整個力保美達家族的起點，添加牛磺酸、肌醇和維生素B群等的基本入門款。許多日本上班族都會每天來上一瓶，用來對付日常累積的疲勞並維持活力。

牛磺酸：1,000mg

適合在意熱量的你。

指定医薬部外品

Lipovitan リポビタン ZERO

販売名：リポビタンゼロ

大正製薬

100mL 180円

牛磺酸含量及維生素等成分組成與力保美達D大致相同，除了以氯化肉鹼取代肌醇外，最大的不同之處在於採用0糖低卡配方，一瓶熱量僅有16大卡，喝起來也相對清爽許多。

牛磺酸：1,000mg

適合重視風味與熱量的你。

指定医薬部外品

Lipovitan リポビタンファイン

販売名：リポビタンファイン N2

大正製薬

100mL 180円

力保美達D家族當中，最推薦給女性的版本。牛磺酸搭配維生素B群且添加肉鹼，一瓶僅有7卡的低熱量，口味採用推薦給女性的香甜蜜桃葡萄柚風味。

牛磺酸：3,000mg

適合長時間工作或開車的你。

指定医薬部外品

Lipovitan リポビタンDプレミアム

販売名：リポビタン DH

大正製薬

100mL 550円

力保美達D元氣飲中添加最多有效成分的豪華版。不只牛磺酸含量高達3,000毫克，還添加必需胺基酸和蜂王漿等14種有效成分。

牛磺酸：1,000mg

適合想要在睡前補充的你。

指定医薬部外品

Lipovitan リポビタンフィール

販売名：リポビタンフィール N2

大正製薬

100mL 180円

力保美達D的基礎配方，搭配睡眠系胺基酸「甘胺酸」的版本。熱量僅有7卡且不含糖類，適合在意攝取過多熱量的人。

大正製藥在2020年以「力保美達D」的主打成分——牛磺酸為基礎，針對中高齡層常見的肌力和體力問題，推出了三種不同類型的「力保美達DX」系列。無論選擇哪一款，都能應對日常疲勞，並根據不同的額外添加成分調節增齡所帶來的身體狀況。

適合每天努力工作
打拚的上班族。

指定医薬部外品

Lipovitan リポビタンDX

販売名：リポビタン tb

大正製薬

90錠 4,268円 / 180錠 6,468円
270錠 8,668円

基底為牛磺酸與維生素B群，還添加助眠系胺基酸「甘胺酸」，有助於輔助改善年齡增長下所引起的睡眠困擾問題（不易入眠、淺眠、睡不飽）。

適合年齡增長後覺得自身肌
力衰退或骨骼退化的族群。

指定医薬部外品

Lipovitan リポビタンDX アミノ

販売名：リポビタン tm

大正製薬

90錠 4,488円 / 180錠 6,688円
270錠 8,888円

以牛磺酸與維生素B群為基底，搭配BCAA（支鏈胺基酸），能輔助改善伴隨增齡出現的肌力衰退問題。

適合營養不良引發眼睛疲
勞或因年齡增長感到肩、
頸、腰、膝不適的人群。

指定医薬部外品

Lipovitan リポビタン DX PLUS

販売名：大正ビタミン tt

大正製薬

90錠 4,488円 / 180錠 6,688円
270錠 8,888円

除了含有牛磺酸和維生素B群外，還添加有助改善因增齡引起的肩、頸、腰、膝不適的維生素E，以及可緩解因為營養缺乏導致眼睛疲勞的維生素B_{12}。

表飛鳴
BIOFERMIN®

長銷百年的乳酸菌專業品牌
照顧家人腸道健康腸活神藥

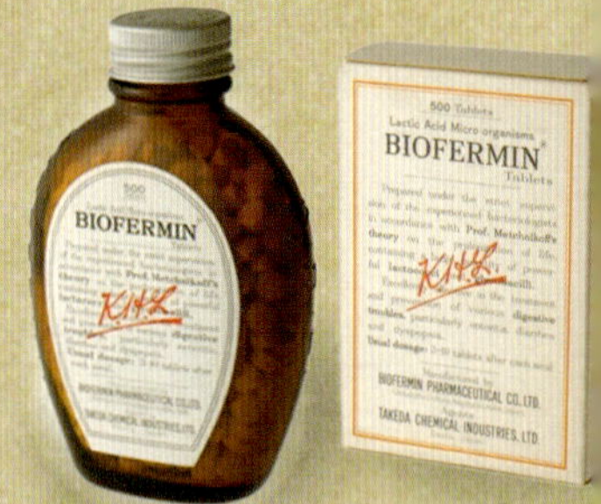

在1910年代，日本的乳酸菌整腸劑主要依賴歐美進口。然而，第一次世界大戰爆發後，由於戰火影響，這些產品無法順利進口。為此，居住在神戶的日本醫師會副會長山本治郎平開始著手研發，結合乳酸菌和糖化菌，推出了珍貴的日本國產整腸消化劑——「表飛鳴」。

表飛鳴BIOFERMIN的名稱由來

表飛鳴BIOFERMIN的品名，來自於「活性」（Bio）以及「酵素」（Ferment）這兩個英文單字，訴求這是一瓶含有活菌的整腸劑。在歷經數次改良之後，採用比菲德氏菌、糞球桿菌和嗜酸乳桿菌等三種人體腸道常駐菌，在1987年推出長銷至今的「欣表飛鳴Ｓ」。2008年，大正製藥成為表飛鳴製藥的最大股東，而表飛鳴製藥也正式成為大正製藥的一分子。

訪日旅客指名掃貨款
欣表飛鳴S系列

整個表飛鳴家族的金字招牌，也是不少臺灣旅客購物清單中的固定班底。表飛鳴製藥從眾多乳酸菌中，嚴選出比菲德氏菌、糞腸球菌和嗜酸乳桿菌這些人體腸道中的常駐菌種。這些菌在漫長的進化過程中，變得能與人體共存，且因為是來自於人體的菌種，因此可以長時間滯留於人體腸道，從而發揮維持或調整腸道環境的效果。

指定医薬部外品

新ビオフェルミン® S錠

大正製薬

350錠 2,602円

添加3種乳酸菌，可用於改善便秘、軟便或腹脹等。年滿5歲的全家老小都可服用。

指定醫薬部外品

新ビオフェルミン® S細粒

大正製薬

45g 1,186円

細粒劑型配方與錠劑相同，出生後3個月以上就可服用。目前僅在日本國內販售，已成為許多育兒爸媽赴日首選胃腸類常備藥。

守護腸道環境與改善排便狀態的表飛鳴家族成員

指定医薬部外品

新ビオフェルミン® Sプラス錠

大正製薬

360錠 2,904円

欣表飛鳴S PLUS進化版。額外添加了能夠抑制壞菌生長的龍根菌，可對軟便、便祕及腹脹等腸道健康問題發揮更加優秀的作用。除了適合5歲以上的錠劑外，還有3個月以上即可服用的細粒劑型。

第3類 医薬品

ビオフェルミン® VC

大正製薬

360錠 3,960円

採用比菲德氏菌和乳酸桿菌為基底，搭配能夠抑制壞菌增生的維生素C，以及有助於好菌生長的維生素B_2和B_6。相當適合飲食不規律的忙碌上班族，也適合外出旅行時，用來應對因為環境與飲食變化所造成的腸內環境問題。

第3類 医薬品

ビオフェルミン® ぽっこり整腸チュアブル®a

大正製薬

60錠 2,090円

比菲德氏菌以及嗜酸乳桿菌等兩種表飛鳴招牌好菌成分，搭配能夠幫助乳酸菌生長的泛酸鈣、助排便順暢的決明子萃取物，與能消除腸道氣泡的消泡劑。不需搭配開水就能服用，是一款能夠兼顧腸道健康與排氣禮儀的腸活常備藥。

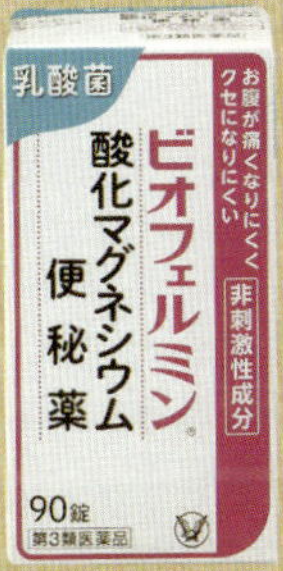

第3類 医薬品

ビオフェルミン® 酸化マグネシウム便秘薬

大正製薬

90錠 1,320円

主成分是不易引起腹痛不適感的便祕藥成分——氧化鎂。搭配表飛鳴拿手的整腸乳酸菌，可幫助排便狀態更加自然順暢。年滿5歲就能服用，是一瓶能夠改善全家便祕困擾的常備藥。

NARON 退燒止痛藥

品牌歷史超過60年的NARON，是不少日本民眾選擇退燒止痛藥的首選品牌之一。目前日本藥妝店所販售的OTC退燒止痛藥，主要有效成分為乙醯胺酚、布洛芬以及洛索洛芬鈉水合物等三種類型。在日本眾多退燒止痛藥品牌當中，唯有NARON同時開發三種不同主成分的止痛藥，讓每個人都能選擇最適合自己的類型。

布洛芬製劑

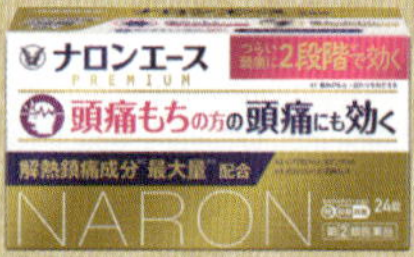

指定 第2類 醫薬品

NARON ナロンエース プレミアム

大正製薬

12錠 660円 / 24錠 1,188円

結合布洛芬及鄰乙氧苯甲醯胺這兩種止痛成分與護胃成分，採用布洛芬速溶製劑技術，訴求能夠快速有效地應對頭痛或生理痛等症狀。

乙醯胺酚製劑

第2類 醫薬品

NARON ナロン m

大正製薬

24錠 858円

主成分為乙醯胺酚，7歲以上就能服用，搭配護胃成分和維生素B_1與B_2的全家適用型退燒止痛藥。

洛索洛芬鈉水合物製劑

第1類 醫薬品

NARON ナロン Loxy

大正製薬

12錠 693円

Loxy運用獨家速溶技術，能迅速發揮藥效，相當適合用來應對外出或開會時突如其來的頭痛問題。分類上屬於第一類醫藥品，只能在藥劑師執業的藥妝店或藥局才能入手。

大正漢方胃腸藥

長銷將近50年的大正漢方胃腸藥，是以健胃藥方「安中散」為底，搭配能消除胃部緊張感之「芍藥甘草湯」所調製而成的經典胃腸藥。不只適用於吃太飽的消化不良問題，也能用於改善飲食不規律或中暑所引起的食慾不振及腸胃不適。年滿5歲即可服用，在日本是許多家庭必備的胃腸常備藥。依照服用習慣，有微粒劑型和錠劑兩種類型可以選擇。

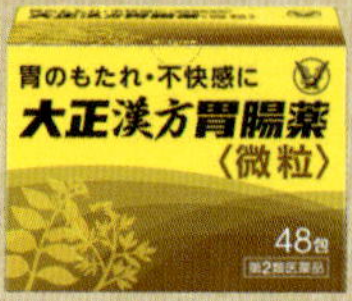

第2類 醫薬品

大正漢方胃腸薬〈微粒〉

大正製薬

12包 1,067円 / 20包 1,595円
32包 2,178円 / 48包 2,860円

第2類 醫薬品

大正漢方胃腸薬〈錠剤〉

大正製薬

60錠 1,067円 / 100錠 1,595円
160錠 2,178円 / 220錠 2,860円

RiUP 生髮液

自1999年上市以來，已經熱銷超過7,000萬瓶※的生髮液先驅，也是眾多有壯年性脫毛症困擾的日本患者首選。分為男性用與女性用兩種類型，有效成分皆為能夠活化毛囊並促進毛髮生長的米諾地爾，除主成分濃度不同之外，還配合男女各自的頭皮特質，加入不同的有效成分。

※米諾地爾製劑的銷售實績【期間：1999年～2022年4月】（數據來源：2022年4月 由Intage公司提供）

第1類 醫薬品

RiUP リアップ X5 チャージ

男性用
米諾地爾濃度5%
搭配8種有效成分

大正製薬

¥ 60mL 8,140円

第1類 醫薬品

RiUP リアップリジェンヌ

女性用
米諾地爾濃度1%
搭配3種有效成分及玻尿酸

大正製薬

¥ 60mL 5,763円

IRIS 眼藥水

品牌誕生於1957年的IRIS眼藥當中，分條包裝系列備受日本民眾所推崇。每一條剛好是雙眼單次的使用量，需要時再開封使用，而且不添加防腐劑，所以使用起來乾淨衛生又安心。加上分條包裝體積小，放在化妝包或隨身藥盒裡也不占空間，攜帶上相當方便。

抗敏止癢型
拋棄式、軟式、硬式隱形眼鏡OK

第3類 醫薬品

IRIS アイリス AG コンタクト

大正製薬

¥ 0.4mL×18支 1,320円

添加抗組織胺與抗炎成分，可用來緩解花粉或微塵引起的癢癢不適。

潤澤升級型
拋棄式、軟式、硬式隱形眼鏡OK

第3類 醫薬品

IRIS アイリス CL-I プレミアム うるおいケア

大正製薬

¥ 0.4mL×30支 1,485円

酸鹼值和滲透壓與淚液相近的黃金比例人工淚液，並搭配潤澤維持成分。

消炎抗菌型
麥粒腫、結膜炎

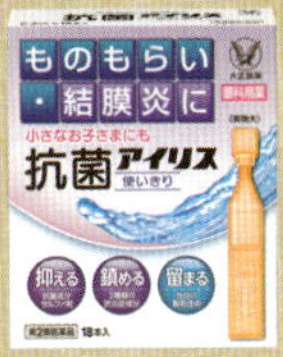

第2類 醫薬品

IRIS 抗菌アイリス 使いきり

大正製薬

¥ 0.4mL×18支 1,078円

添加4種有效成分，具有抑菌、消炎和修復作用，可應對細菌感染引起的麥粒腫、結膜炎等情況。

CHAPTER

3

工廠見學

與人物訪談特輯

健栄製薬

日本消毒藥劑龍頭品牌

深入日本醫療院所
與家庭日常的健康好幫手

創立於1946年的健榮製藥，在日本醫療業界可說是消毒藥劑和浣腸製劑的龍頭企業。對於許多外國人來說，健榮製藥或許較為陌生，但日本藥妝店熱賣的氧化鎂E便祕藥、小浣熊乾洗手、河馬君喉嚨噴霧、寶貝凡士林，以及日本毒舌評論雜誌《LDK》也讚譽有加的Lu Mild保養系列，都是出自於健榮製藥的人氣商品。

包括醫療現場專用與藥妝店銷售產品在內，健榮製藥研發與生產的產品品項居然多達上千種。如此驚人的研發生產力，在日本製藥業界中，都是難以超越和取代的獨特存在。尤其是在疫情肆虐的那幾年，甚至至今，主力產品為酒精消毒相關用品的健榮製藥，更是守護民眾健康的守門員。

對於地位如此重要的製藥公司，日本藥粧研究室豈有不來一探究竟的理由？我們特地前往日本中部的三重縣，參訪健榮製藥最為重要的生產基地——松阪廠區。在八木廠長的帶領下，我們深入這座龐大廠區裡的5棟廠房及物流中心。在日本製藥產業中，能夠全數商品都在自家廠房生產，並建立完整物流體系的公司其實相當稀有。

健榮製藥的業界三大首創

在參訪松阪廠區時，八木廠長提及健榮製藥在業界中有三大重要首創。無論是哪一項，都是以消費者為本的巧思創意與改革。

日本國內首創 1
消毒酒精免稅化

在日本，即便是消毒用途，高濃度酒精依舊是酒稅的課稅對象。健榮製藥發揮巧思，在高濃度酒精當中加入特定成分，如此一來就能免除酒稅，讓消毒用酒精的價格更低。

TIPS

包括藥妝店熱銷的小浣熊乾洗手在內，健榮製藥每年的消毒製劑生產量高達數千萬瓶。單就松阪廠區來說，每個月高濃度酒精製劑的產能，最高可達驚人的500萬公升！

日本國內首創 2
改善氧化鎂口感

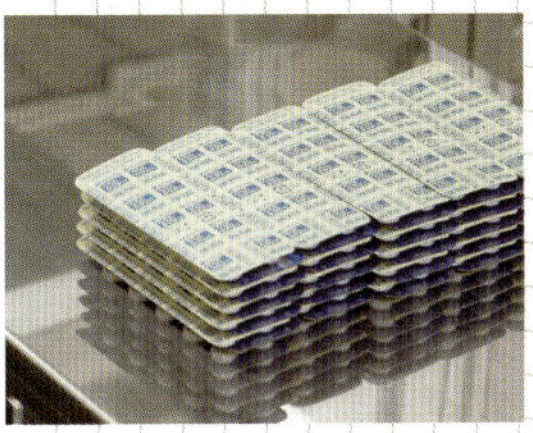

氧化鎂本身帶有特殊的苦澀味。為了改善便祕患者對服藥的抗拒，健榮製藥透過獨家技術，成功開發出檸檬風味的速溶錠。

TIPS

包括藥妝店版本與醫院處方版本在內，健榮製藥的氧化鎂E便祕藥月產能居然高達1億8千萬顆，堪稱是日本國內前段班！

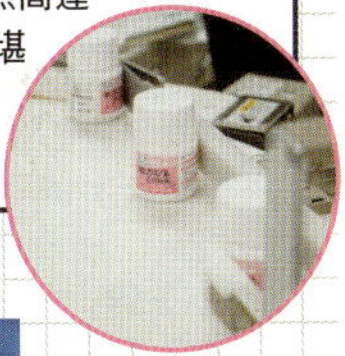

日本國內首創 3
特殊甘油浣腸容器

大部分的家用浣腸製劑都採用圓球狀瓶身，使用時有時會遇到施力困難的問題。針對醫療現場的使用便利性及安全性等需求，健榮製藥開發出獨特的長嘴管蛇腹容器。長嘴管上的刻度可幫助照護者判斷使用深度，而蛇腹造型的藥劑容器部分，則能讓推擠藥劑時更加簡單省力。

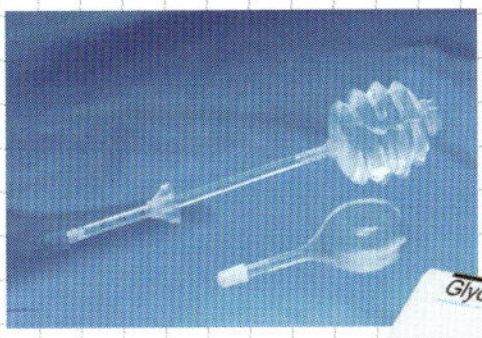

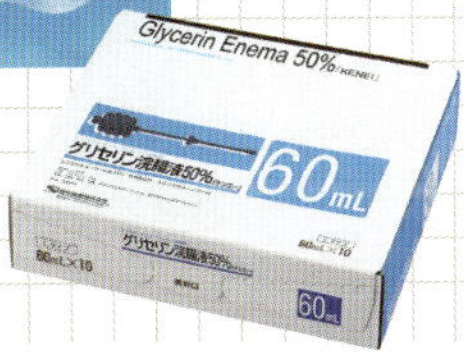

ケンエー

健栄製薬

酸化マグネシウムE便秘薬
(氧化鎂E便秘藥)

不易引發腹部絞痛和依賴性
非刺激性的新世代便秘藥

當我們走進日本的藥妝店，除了感冒藥、止痛藥和胃腸藥外，便祕藥也是許多人購物清單上的必買品項之一。日本藥妝店裡販售的便祕藥種類繁多，有些主打藥效快速的西藥成分，也有部分產品訴求安心感的中藥成分。面對架上琳瑯滿目的便祕藥，我們應該如何挑選出最適合自己的產品呢？另外，什麼樣的便祕藥適合作為全家大小皆能安心服用的家庭常備藥呢？

刺激性vs非刺激性
從作用原理來看便祕藥的區別

日本市面上常見的口服便祕藥，大致可區分為「刺激性便祕藥」與「非刺激性便祕藥」兩種類型。所謂「刺激性便祕藥」，又稱**刺激性瀉藥**，是透過藥物直接刺激腸道，促使腸管蠕動更加活躍。例如西藥成分「比沙可啶」、或中藥成分「番瀉葉」和「大黃」，都是常見的刺激性便祕藥成分。這類便祕藥的主要特點是效果發揮迅速，但同時也容易**引發腹部絞痛感**，且長期服用可能**產生依賴性**等副作用。

另一方面，被稱為**軟便劑**的「非刺激性便祕藥」就相對溫和許多。不僅不易引發腹部絞痛或不適，也較少出現停藥後便祕復發的藥物依賴性。在日本的醫療院所中，醫師經常開立這類處方的便祕藥，其中最具代表性的成分就是「氧化鎂」。

什麼是氧化鎂?

氧化鎂（Magnesium Oxide）是一種常見於胃腸藥當中的「制酸成分」，但同時也是一種副作用較低的軟便成分。日本醫療界使用處方氧化鎂的歷史已長達百年以上，因為具備高安全性和低依賴性等特質，因此是許多醫師治療便祕時所選擇的第一線藥物，據說每年使用這類處方的患者人數超過一千萬名。

採用醫師處方的溫和成分
近年日本藥妝店便秘藥的熱門選項

健榮製藥在2016年所推出的「氧化鎂E便秘藥」，可說是改寫日本市售便秘藥歷史的熱門新選項。在這項產品問世之前，日本藥妝店的便秘藥幾乎被「刺激性便秘藥」壟斷。除了溫和不刺激且不易產生依賴性之外，健榮製藥的「氧化鎂E便秘藥」還具備三大特色。

特色 2

優秀速崩技術

錠劑與水接觸後，能在幾秒內快速崩解，不擅長吞服錠劑的小朋友或高齡者也能輕鬆服藥。

特色 1

日本國產原料

氧化鎂原料來自日本瀨戶內海的海水以及日本國產石灰岩，排除有害人體健康的化學物質。

特色 3

微甜檸檬風味

添加天然甜味劑的微甜檸檬風味，能抑制氧化鎂本身特有的苦澀味。

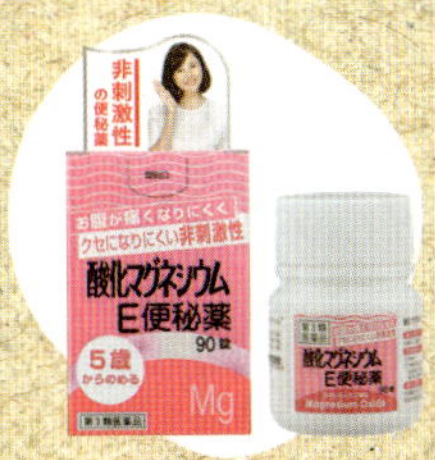

第3類 医薬品

酸化マグネシウム E便秘薬

¥ 40錠 748円 / 90錠 1,320円
360錠 4,400円

氧化鎂

適應症：便秘以及便秘伴隨之症狀：頭重、頭昏、肌膚粗糙、痘痘、食欲不振（食欲減退）、腹脹、腸內物質異常發酵、痔瘡。

年齡	單次使用量	單日次數
15歲以上	3~6錠	1次
11歲以上未滿15歲	2~4錠	
7歲以上未滿11歲	2~3錠	
5歲以上未滿7歲	1~2錠	
未滿5歲	不宜服用	

除基本的瓶裝包裝外，健榮製藥還推出方便攜帶的PTP泡殼排裝類型。可放於化妝包或是藥盒當中隨身攜帶，特別適合外出旅遊或是出國時用來對付環境變化下所引起的便秘困擾。

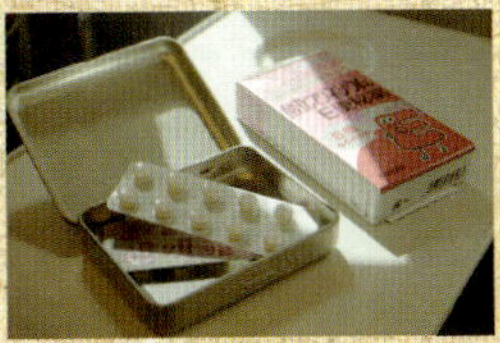

氧化鎂改善便祕的原理

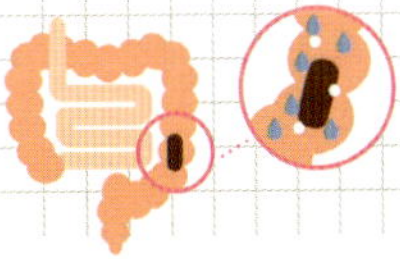

氧化鎂進入腸道之後，就會開始收集腸管當中的水分。

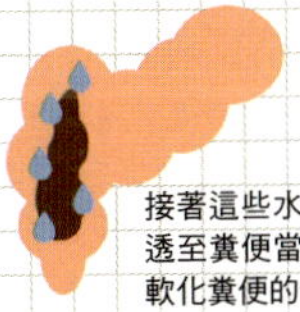

接著這些水分就會滲透至糞便當中，發揮軟化糞便的作用。

如此一來，就能幫助糞便更加順暢地排出體外。

健栄製薬

ケンエー

ヒルマイルド®（Healmild）

採用日本乾燥肌治療人氣成分——類肝素
近年關注度急速拉升的皮膚藥品牌

不少乾燥敏弱肌族群，走進日本藥妝店時，總會記得帶幾瓶專治乾燥肌問題的治療藥物備用。在疫情結束後重新踏入日本藥妝店補貨時，你或許已經發現，乾燥肌治療藥的貨架上多了一款粉紅色包裝的新選擇。

包裝吸睛的粉紅色「ヒルマイルド®（Healmild）」是健榮製藥於2020年推出的乾燥肌治療藥品牌。許多人因疫情無法赴日旅遊，直到最近兩年才在日本藥妝店發現它的蹤跡。事實上，Healmild的主成分「類肝素」早已是日本廣受信賴的醫師處方成分，因此在藥妝店上市之後，便迅速受到日本民眾的推崇，成為關注度急速升高的新一代乾燥肌治療藥品牌。

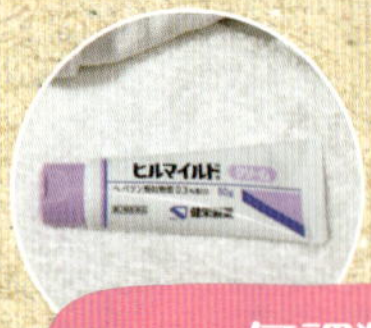

何謂類肝素?

具備高親水性與高保水性的類肝素（Heparinoid），是日本皮膚科醫師最常用於治療乾燥肌的保濕成分。除廣為人知的保濕作用外，類肝素還具備「抗發炎」與「促進血液循環」等作用。另一方面，由於類肝素本身成分溫和且副作用少，因此包括皮膚敏弱的嬰幼兒和高齡者在內，所有人都能用來改善全身的乾燥肌問題。

TIPS

最推薦的使用時機是洗完澡後5~10分鐘。此時的肌膚最為柔軟，因此類肝素能更有效率地滲透肌膚，同時也能有效防止肌膚水分在沐浴後蒸散。

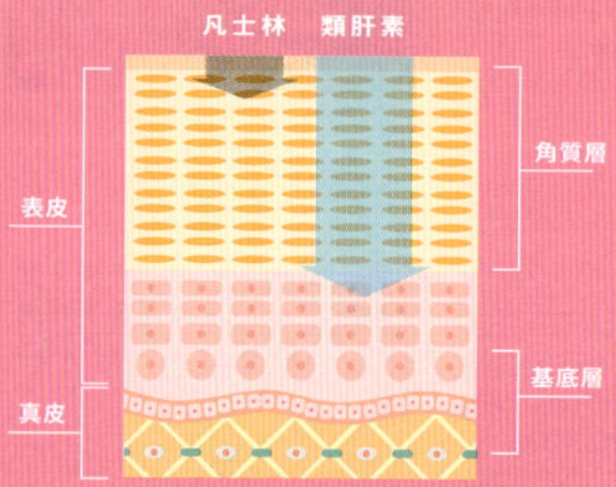

凡士林與類肝素的保濕原理

常見的保濕劑凡士林，能在肌膚表面形成保護膜以防止水分蒸發。另一方面類肝素則是能深入肌膚角質層，針對肌膚細胞發揮作用，透過改善角質層保水機能的作用，促使肌膚的防禦能力正常化。

ヒルマイルド®(Healmild)家族的五大成員

自2020年上市以來，Healmild一直是日本藥妝店最熱銷的乾燥肌治療藥品牌之一。根據不同的使用需求和質地偏好，目前該品牌共有5種不同類型的產品。無論哪一種類型，都添加醫師處方級的0.3%類肝素，讓消費者可以依照個人的喜好與需求，選擇最適合的產品。

乳霜型

第2類 医薬品

Healmild ヒルマイルド® クリーム

¥ 30g 1,078円 / 60g 1,705円 100g 2,508円

質地較為濃密且包覆性較佳，適用於手指、嘴巴周圍以及臉頰等較小範圍的患部。

乳液型

第2類 医薬品

Healmild ヒルマイルド® ローション

¥ 30g 1,078円 / 60g 1,705円 120g 2,728円

質地相對清爽不黏膩且相當容易推展，適合用來大範圍塗抹於手臂或雙腿等患部。

噴霧型

第2類 医薬品

Healmild ヒルマイルド® スプレー

¥ 100g 2,508円

日本OTC醫藥品當中第一款類肝素搭配高保濕成分LIPIDURE®的噴霧型皮膚藥。就算顛倒瓶身也能使用，特別適合用來噴在背部等雙手難以塗抹藥劑的部位，也能大範圍噴在臉部或腿部強化保濕。

2024年秋季新品

泡沫型

第2類 医薬品

Healmild ヒルマイルド® 泡フォーム

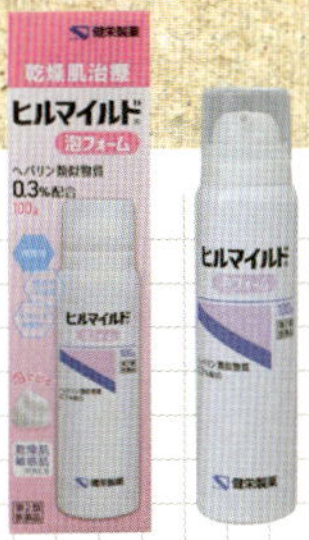

¥ 100g 2,508円

濃密的泡泡質地。不須摩擦或用力推展，只要輕壓就能簡單塗抹完成，適合異位性皮膚炎等極度敏感膚質者。充滿玩心的特殊質地，也能降低小朋友對於塗抹藥物的排斥感。

護手霜

第2類 医薬品

Healmild ヒルマイルド® H クリーム

¥ 25g 660円 / 40g 1,210円

肌膚包覆性比乳霜更高且耐水性佳，適合因為工作或家事，雙手需要經常碰水的人用來改善雙手乾裂問題。

ケンエー

健栄製薬

ル・マイルド（Lu Mild）

集結藥廠長達70年的乾燥肌研究結晶
宛如異軍突起的美妝保養黑馬品牌

經歷疫情爆發期間的需求低潮，好不容易迎來疫情落幕後的國際交流復甦期，日本的美妝市場依舊還沒找回往日的活力。你或許也感覺到，走遍藥妝店與美妝店，似乎沒有發現太多吸引人的新鮮貨。

就在一片死氣沉沉的日本美妝保養市場中，誕生於2022年的ル・マイルド（Lu Mild）卻像是一匹打破沉默的黑馬，成為近期最具話題性的保養新品牌。

70多年來，健榮製藥在消毒液產品的研發上，一直以「不引起雙手乾燥」為開發重點，因此在保濕成分上可說是鑽研得相當透澈。同時間，專門治療乾燥肌的「ヒルマイルド®（HealMild）」也因為治療成效優秀而成為日本民眾掃貨的人氣皮膚藥品牌。

結合多年來對保濕成分的研究結晶與乾荒肌治療經驗，經過超過500次的摸索與試作後，健榮製藥最終採用6大保濕成分，打造出連商品毒舌評論雜誌也讚不絕口的高保濕保養品牌「ル・マイルド（Lu Mild）」。

6大核心保水保濕成分
完整滿足乾荒肌的保養需求

Lu Mild最為核心的靈魂成分，就是濃度為0.1%的保水成分「類肝素」，它能深入肌膚角質層發揮保水作用。另外一個重點成分，則是可預防肌膚乾荒的「甘草酸二鉀」，不僅能夠安撫不穩定的乾燥肌，也能用來強化應對乾燥引起的成人痘問題。除此之外，產品還搭配了LIPIDURE®、CICA、類神經醯胺以及蘆薈萃取物等優秀的保濕成分，在安撫乾燥肌和保濕方面，無疑是近期最出色的保養系列。

ル・マイルド(Lu Mild)
品牌四大主力

包括濃度0.1%的類肝素和甘草酸二鉀在內，Lu Mild從乾荒肌保養的思維出發，以完美的黃金比例結合乾燥肌膚最需要的六種保水與保濕成分。另一方面，無色素、無香料以及無防腐劑的低敏配方堅持，更是適合乾燥敏弱肌族群用來提升肌膚健康度。

医薬部外品

Lu Mild ル・マイルド 高保湿化粧水

¥ 200mL 1,870円

略帶稠度卻毫無黏膩感的化妝水，使用起來質地滑順，不會對敏弱的乾荒肌過度拉扯造成刺激。

医薬部外品

Lu Mild ル・マイルド 高保湿乳液

¥ 140mL 1,870円

質地相當滑順，肌膚滲透力表現也十分優秀的乳液。輕輕抹過之後，就能在肌膚表面形成一道水潤的保濕膜層。

医薬部外品

Lu Mild ル・マイルド 高保湿フェイスクリーム

¥ 60g 1,980円

質地輕柔卻能緊密服貼肌膚的高保濕乳霜。除五重保水保濕成分外，還額外添加健榮製藥特製的「白色凡士林」，讓整體的潤澤力與服貼性更加提升。

医薬部外品

Lu Mild ル・マイルド 高保湿ミスト化粧水

¥ 100mL 770円

輕輕按壓噴頭，就能噴灑出細緻噴霧的化妝水。質地較為清爽，但依舊保有出色的保濕力，適合隨身攜帶於補妝時使用，也很適合放在辦公室，用來對付空調環境引起的肌膚乾荒問題。

健栄製薬

ケンエー

手ピカジェル(小浣熊乾洗手)

可愛小浣熊擔任品牌大使
日本人維持雙手潔淨的隨身小物

歷經新冠疫情的洗禮，許多人已經養成隨時使用乾洗手來維持雙手清潔的習慣。即使疫情已經趨緩，這項防疫習慣依然融入了我們的日常生活。然而，早在疫情前的2006年，健榮製藥推出的「手ピカジェル（小浣熊乾洗手）」，就已經因為出色的使用體感，而成為眾多日本人必備的隨身衛生小物。

實現速乾與清爽的使用感 還能維持雙手水潤不乾燥

一般常見的酒精消毒液，大致可分為「液體」與「凝膠」兩種類型。液體使用起來清爽，但容易滴得到處都是，而且需要大約一分鐘的時間才能完全乾燥。凝膠雖具備速乾性，卻有著使用起來黏膩的奇特觸感。於是健榮製藥便在「最佳的消毒效果」、「速乾性」以及「清爽度」之間找到絕妙的比例，同時添加能夠預防雙手乾燥的保濕成分「玻尿酸」，打造出熱賣將近20年的小浣熊乾洗手。

另外也有這種掛套組，方便掛在包包上隨時隨地潔淨雙手。

指定医薬部外品 **手ピカジェル**

60mL 550円 / 300mL 1,100円

酒精濃度高達80%的乾洗手凝膠，能夠透過酒精溶解病毒套膜的方式，發揮消毒殺菌的效果。使用起來速乾清爽不黏膩，可以用來對付流感病毒等一般常見的細菌與病毒。

指定医薬部外品 **手ピカジェル プラス**

60mL 660円 / 300mL 1,320円

因為額外添加磷酸，這款乾洗手凝膠本身呈現弱酸性，適用於應對更多種類的細菌與病毒，尤其是諾羅病毒這種沒有套膜構造的病毒。

健栄製薬

健栄のカバくんシリーズ
（健榮河馬君喉嚨護理系列）

家家不可或缺的防疫物資
應對各種喉嚨不適的常備藥

每年一到感冒流行季節，能有效緩解喉嚨乾痛和紅腫問題的常備藥就會登上藥妝店熱賣排行榜。在新冠疫情流感化的現今，更是因為喉嚨疼痛症狀格外明顯的關係，導致許多人隨時都會準備喉嚨噴霧或喉糖，以防突如其來的喉嚨不適問題。

在日本藥妝店裡，喉嚨用藥選擇相當多，其中包裝上印有可愛河馬圖樣的「健榮河馬君喉嚨護理」系列，是許多日本家庭不可或缺的防疫物資。

獨特雙孔噴頭
加大藥劑噴灑範圍

健榮的河馬君喉嚨噴霧有個相當特別的特色，那就是噴嘴採用雙孔構造。只要輕輕一按，就能同時噴灑出兩道藥劑，如此一來便可輕鬆地大範圍噴灑藥劑於喉嚨不舒服的地方。

喉嚨噴霧

第3類 医薬品 | 健栄のどスプレー

¥ 12mL 792円 / 25mL 1,430円
50mL 2,090円

主要有效成分是外傷用藥中也相當常見、具備抗微生物作用的優碘（Povidone-iodine）。適合在喉嚨疼痛、紅腫或聲音沙啞時噴個幾下，緩解喉嚨不舒服的症狀。藥劑當中添加薄荷成分，使用時會有一股明顯的舒服沁涼感，能提升舒緩喉嚨不適的效果。

口含錠

第3類 医薬品 | アズレンEトローチ

¥ 24錠 698円

主要有效成分是抗發炎成分「薁磺酸鈉水合物」的口含錠。搭配同樣具抗發炎作用的「甘草酸二鉀」與殺菌成分「CPC」，很適合在喉嚨疼痛不適時，用來舒緩喉嚨的發炎症狀。除此之外，也能用來為口腔進行消毒殺菌，抑制口臭問題發生。帶有清涼感及甜度適中的藍莓口味，年滿5歲就可服用。

健栄製薬

ケンエー

ベビーワセリン(寶貝凡士林)

高純度的低刺激凡士林
就連嬰兒稚嫩的肌膚也能用

健榮製藥不僅在乾洗手等防疫產品領域表現出色，其生產的凡士林在日本市場上的市占率也位居龍頭地位。特別是高純度的白色凡士林，堪稱健榮製藥的鎮店之寶。活用多年的凡士林精製技術，健榮製藥於2013年推出了ベビーワセリン（寶貝凡士林），因其質地溫和不刺激，加上預防乾燥的效果極為出色，成為許多日本父母不可或缺的育兒小幫手。

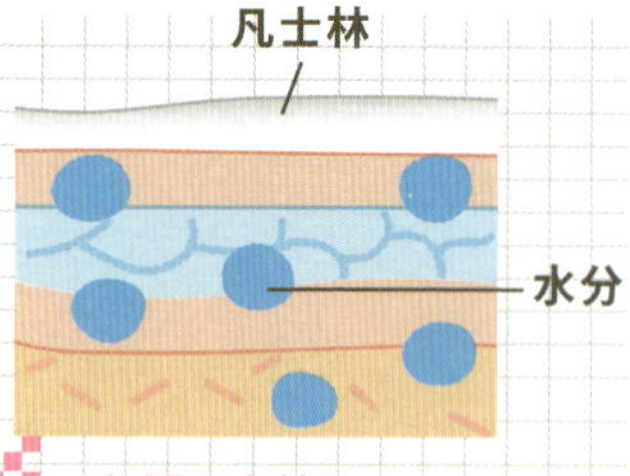

何謂凡士林?

凡士林是一種泛用性相當高的油性保濕成分，能在肌膚表面形成一道保護層，在保護肌膚不受外來刺激影響的同時，還能防止水分過度蒸散。一般來說，純度較低的凡士林呈現淡黃色，而健榮製藥採用高純度製法所製成的寶貝凡士林則呈現白色。

全身用

ベビーワセリン

¥ 60g 550円

利用加氫精製技術，極力去除雜質的高純度凡士林。加上本身未添加香料、色素及防腐劑的關係，所以不只是肌膚敏弱者，就連肌膚稚嫩的嬰兒也能安心使用。質地本身柔軟，在接觸肌膚的瞬間，就能輕柔化開且容易推展。不只適合在沐浴之後為肌膚強化保濕，也能在按摩時作為按摩油使用。

護唇膏

ベビーワセリンリップ

¥ 10g 330円

寶貝凡士林的護唇膏版本。同樣是質地偏軟的高純度白色凡士林，容器前端採用斜切管口設計，能夠直接就口塗抹於雙唇。無論大人或小朋友，都適合拿來滋潤容易乾裂的雙唇。方便攜帶的小體積，也很適合搭機時隨身攜帶，應對機艙環境引起的雙唇、臉頰以及手指等部位的乾燥問題。

健栄製薬

ケンエー

ハッカ油（薄荷油）
用途超多又實用 健榮製藥的隱藏版生活神器

健榮製藥廣為人知的企業形象，是其在殺菌消毒防疫商品和乾燥肌治療方面的專業。此外，健榮製藥還以非刺激性便祕藥領導品牌的形象深入人心。在上百種商品中，薄荷油也是深受消費者喜愛的隱藏版優秀好物。在產品分類上，健榮製藥的薄荷油屬於食品添加物，因此除了外用，還能添加到各種食物中，為它們增添風味。

用法多變的薄荷油

不只提神，薄荷油的妙用超乎你想像。健榮製藥的這款隱藏版好物，能在各種日常場合中發揮大作用！無論是居家、出遊還是工作，薄荷油都能幫助你提升生活質感。

放鬆與舒緩

薄荷油的清涼感具有舒緩身心的效果，非常適合在暈車或感到疲憊時吸入薄荷香氣，讓身心清新舒暢。也可以噴在口罩外側，讓口罩戴起來不再那麼悶熱。

增添風味

可加入幾滴至紅茶或草本茶中，能為茶飲增添薄荷的清涼感與香氣。

居家 SPA 浴

在浴缸中加入幾滴薄荷油，不僅能讓泡澡時的薄荷蒸氣療癒身心，還能帶來清爽舒適的感覺。此外，還可以在洗髮精中加入一兩滴，加強頭皮的清潔與抗菌效果。

驅蟲與防蟲

許多害蟲都排斥薄荷的香味，因此可以將薄荷油噴在紗窗或排水孔來驅蟲。也可以在水中滴入數滴，調製成可噴在肌膚上的防蟲噴霧。

消臭與抗菌

薄荷油具備消臭與抗菌的功效，因此非常適合在洗衣時加入幾滴，以防止衣服洗完後產生的悶臭味。此外，也能直接噴灑於鞋內，去除鞋子穿過後所產生的異味。

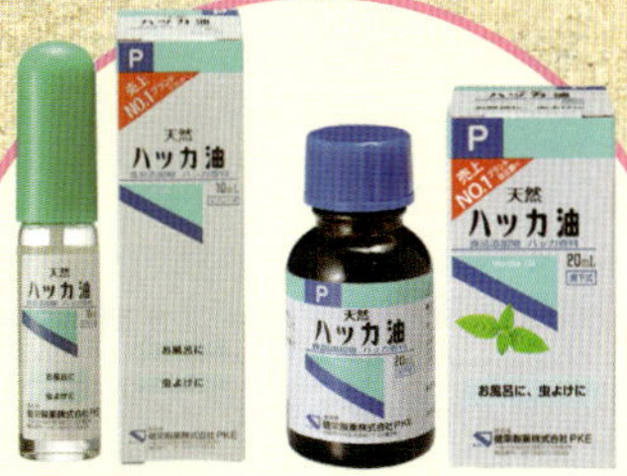

ハッカ油

¥ スプレータイプ(噴霧式) 10mL 1,078円
瓶タイプ (滴下式) 20mL 946円

出雲充(IZUMO MITSURU)
解決糧食危機的新曙光素材
未來超級食物的幕後推手

繫著鮮綠色領帶，帶著靦腆的笑容，同時散發出無畏挑戰且充滿自信的光芒——這是ユーグレナ公司（Euglena Co.）社長「出雲充」給我的第一印象。出雲充社長原本修讀文科，為了研究營養豐富的原料，而決定轉系到理科，並在這個過程中接觸到裸藻。後來，為了將裸藻納入事業，他毅然決然離開人人稱羨的精英銀行職位，投入夢想。儘管在創業初期，商品長達三年乏人問津，他依然堅持下去，最終成功實現夢想。

他不僅克服了各種困難，而且成功實現裸藻的大量培養，更進一步將裸藻應用於生產液態生質燃料，試圖為環境保護做出重大貢獻。年過40，他的人生已經寫下了許多精彩的故事。

出雲充簡歷

1980年	出生
2002年	畢業於東京大學農學院
2002年	入職於東京三菱銀行（現三菱UFJ銀行）
2005年	創辦株式會社Euglena
2005年	領先全球成功實現食用裸藻戶外大量培養
2020年	成功利用裸藻油原料開發液態生質燃料
2021年	使用裸藻油原料之液態生質燃料的飛機首航成功
2023年	在馬來西亞設立裸藻生質燃料原料用途研究所
2028年	預計於馬來西亞設立生質燃料製作工廠

創辦Euglena公司的契機？

從小就夢想出國拓展視野的出雲充，在大學時獲得了一次國際實習的機會，前往孟加拉。來自日本中產家庭、生活無憂的他，深受當地的貧窮實況所衝擊。由於孟加拉是農業社會，當地人在米飯的供應上並不匱乏，但由於魚肉等生鮮食材難以取得，導致當地人普遍面臨維生素和蛋白質攝取不足的營養不良問題。

面對這樣的現實，出雲充心中萌生了一個直接且單純的夢想——將營養豐富的食物從日本帶到孟加拉，以解決當地的營養問題。回到日本後，他便開始鑽研營養學。在出雲充大學三年級時，裸藻宛如一顆散發光芒的寶石，吸引了他的注意。

關注裸藻的原因？

裸藻同時具備動物與植物的特性，並含有59種營養素，是解決營養問題的最佳原料！事實上，日本汲取了石油危機的經驗教訓，為了應對未來可能發生的糧食危機，早在1980年代便啟動了「新陽光計畫（New Sunshine Project）」，開始研究裸藻。然而，儘管裸藻營養價值極高，由於它處於食物鏈的最底層，人工培養被視為幾乎不可能的任務，因此這項研究計畫長期停滯不前。

出雲充卻懷疑教科書上關於裸藻培養的說法並非完全正確，於是他決心挑戰這項不可能的任務，成功親手建立裸藻的培養技術。

大量培養裸藻究竟有多難？

因為裸藻營養價值高且非常美味，容易被其他生物捕食，因此一直難以進行大量培養。關鍵在於，大量培養的首要目標是打造完美的生存環境。然而，這樣的環境對細菌來說，也是個適合生存的完美天堂。相反地，若將培養環境調整得不利細菌生長，裸藻也會難以存活。就在不斷反覆嘗試與失敗的過程中，終於在2005年找到最佳的平衡點，成功研發出僅裸藻能夠存活的培養液，並完成全球首次成功進行戶外大量培養可食用裸藻的壯舉。

裸藻培養基地選擇石垣島的原因？

決定大量培養裸藻後，首要任務是尋找適合的培養場所。由於裸藻與綠藻屬於近緣物種，因此選擇了擁有多年經驗與技術的石垣島綠藻養殖場作為基地。然而，隨著世人對裸藻認知的提升，石垣島的產能可能無法滿足日益增長的需求。因此未來攸關人體健康的裸藻培養會繼續在石垣島深耕，而環保的液態生質燃料生產則會在日本以外的國家展開。事實上，Euglena公司已於2023年在馬來西亞啟用專門研究生質燃料用途的研究所。

如何讓民眾了解裸藻與綠藻的不同？

在生物學上屬於近緣物種的裸藻與綠藻，外觀上幾乎沒有區別，這使得識別它們成為一個相當困難的問題。對於大型企業而言，能夠透過各種公關與行銷活動提升品牌知名度，但對像Euglena公司這樣資源有限的新創公司來說，這是一個極具挑戰的課題。

日本的學校教科書中，已經有教導裸藻相關的內容，因此Euglena公司在日本國內推廣起來會較容易有成效。未來，希望在東南亞各國的教科書中也能加入裸藻相關內容。然而，眼下最實際的做法是教育當地民眾了解液態生質燃料對環境的益處。在當地民眾普遍了解後，再進一步告知他們，這些液態生質燃料的原料正是裸藻萃取油，而裸藻對人體健康也有許多益處。

裸藻價格是否有機會隨大量生產調降？

出雲充創立Euglena公司的初衷，是為了解決孟加拉人營養失調的問題。自2014年至2023年底，他已在孟加拉向當地兒童發放了超過1,700萬份裸藻餅乾。而出雲充的最終目標，是透過大量生產大幅降低裸藻的價格，甚至讓裸藻像醬油、胡椒或拌飯香鬆一樣，成為每個家庭餐桌上的日常調味品。

2025年、對於創業二十週年有何展望？

對出雲充而言，石垣島是成功大量培養裸藻並實現夢想的重要基地。他的下一步展望就是能對這塊土地有所貢獻，促進石垣島在產業與觀光方面的發展。最終目標是讓裸藻與石垣島劃上等號，讓全亞洲乃至全世界的人，一聽到「裸藻」便自然聯想到「石垣島」。

在進軍海外方面有何計畫?

包括馬來西亞的研究所在內，目前Euglena公司的業務範圍已經擴展至孟加拉以及新加坡等地。Euglena公司和裸藻的發源地石垣島與臺灣距離相近，未來若有機會在臺灣建設食用裸藻的培養基地，將是一件令人振奮的事。此外，隨著基隆與石垣島之間的郵輪航線開通，希望藉由規劃旅行團的方式，促進臺日兩地的觀光發展。

對於您而言，裸藻是個怎樣的角色?

從無到有，突破前人未能達成的技術瓶頸。在逆境中成功大量培養的裸藻，對出雲充而言如同親生子女般珍貴。他表示：「裸藻是雌雄同體，同時具備動植物特性的奇特生物，但卻是美麗無可比擬的微生物。因此，他不希望裸藻被居心不良的人士作為炒作價格的工具。」

不懼失敗，只做喜歡的事

22歲那年，從東京大學畢業的高材生，順利就職於首屈一指的東京三菱銀行（現為三菱UFJ銀行）。這無疑是人生勝利組的完美劇本。然而，在他25歲時，尚未完成裸藻培養的他，毅然決然地離職創業。我問道：「難道你不怕失敗嗎？」出雲充只是淡淡一笑，說：「我當時沒想那麼多。雖然有人認為我太過衝動，但我只是做自己喜歡的事罷了。」

Euglena
綠色寶石——裸藻
展現神祕美力與健康力

日本裸藻的故鄉——石垣島

沖繩縣的石垣島位於臺灣東北角與沖繩本島間，擁有充足日照與溫暖氣候，是許多人心目中完美的度假勝地。這座人口僅約5萬的小島，不僅有著雪白沙灘與碧藍大海，還有日本首座「暗空公園」，可一覽夜空中的星團與銀河。更重要的是，它也是Euglena公司成功大量培育裸藻的傳奇之地。

2024年盛夏，日本藥粧研究室在R&D Center中野中心長的帶領下，深入探索位於石垣島東南方的裸藻培養設施。這座占地十萬平方公尺（約3萬坪）的廠區，擁有多座戶外養殖場及裸藻和綠球藻的回收設備，並設有專門研究這些藻類的實驗室。原本該地是擁有高度綠藻培養技術與經驗的綠藻生產據點，但自2005年Euglena公司首度領先全球，完成在戶外大量培養可食用裸藻的空前壯舉後，這裡便成為裸藻的故鄉。

在研究室的一個角落，我們看到許多燒瓶被置於震動平臺上。中野中心長解釋，燒瓶中裝有培養液、裸藻與綠球藻，震動的目的是讓藻類均勻分布並持續分裂。燒瓶中的培養液顏色愈深，代表裸藻的數量愈多。

中野中心長進一步指出，石垣島不僅有較長的日照時間，加上一整年溫暖的氣候，是裸藻生長的理想環境。此外，來自沖繩最高峰「於茂登岳」的優質水源，更是大量培養裸藻的關鍵因素。達到採收標準的培養液會先經離心機分離出裸藻，隨後利用大型乾燥機進行乾燥處理。在Euglena公司成功開發大規模培養技術前，每年裸藻的產量僅有數百公克，但如今已達到驚人的年產量160噸！

深耕石垣島的每個角落 隨處可見裸藻的蹤影

裸藻的英文名稱為「Euglena」，日文寫法為「ユーグレナ」。沒有錯，這家首度成功大量培養裸藻的公司，就將公司名稱直接命名為簡潔易懂的「裸藻」，彰顯自己是「生產裸藻的公司」。

Euglena公司在石垣島，不僅是創造就業機會的重要企業，對當地支援也不遺餘力。例如，市中心最熱鬧的商店街名為「Euglena Mall」，而前往竹富島等周圍離島的碼頭，也被命名為「Euglena石垣港離島碼頭」。

在碼頭、商店街，甚至飯店附設賣店的冰箱中，都能見到堪稱石垣島特產的Euglena公司「裸藻綠拿鐵」。小小一瓶不僅含有10億個裸藻，還添加8種蔬果、大麥若葉及1,000億個乳酸菌，喝起來口感酸甜，是美味的果菜汁。可以輕鬆攝取裸藻的59種營養素，並兼顧體內環保。若來到石垣島見到這款飲品，可千萬別錯過了！

裸藻已成為石垣島的寶藏，並與當地許多飯店和餐廳合作，推出了極具特色的「裸藻餐點」。例如我們這次下榻的「石垣THIRD」，早餐中有添加裸藻的豆乳飲及厚片吐司。其中裸藻豆漿非常美味，當我想點第二杯時就已經售罄，暫停供應了。另外，「舟藏の里」的裸藻蕎麥麵也是人氣極旺的餐點。

這些餐點的共通特色是帶有淡淡的抹茶香味，對於喜愛抹茶風味的人來說，絕對是不容錯過的美食。

裸藻 Euglena

在地球上生存超過5億年的營養素濃縮體
解決糧食危機與地球暖化的曙光新解方

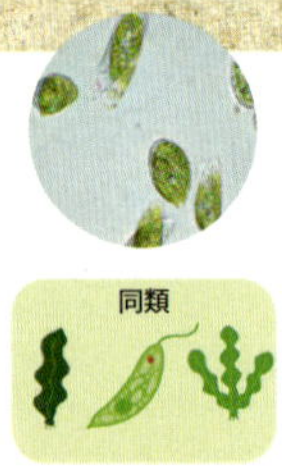

裸藻，又稱為「綠蟲藻」，英文名稱為「Euglena」。裸藻自五億年前的遠古時代便已在地球上存在。在生物學上，它是綠藻的近親，並且與昆布和海帶芽同屬一類。

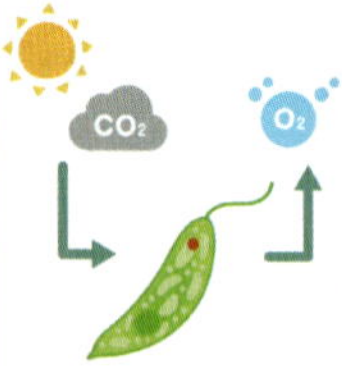

裸藻就像植物一般，可吸收二氧化碳並且排出氧氣，透過這樣的代謝方式進行成長與繁殖。甚至是二氧化碳濃度極高的環境，也能順利成長，因此不少科學家都認為裸藻具備潛力能解決地球暖化問題。

因為裸藻體內充滿葉綠素，因此外觀呈現鮮嫩的綠色。

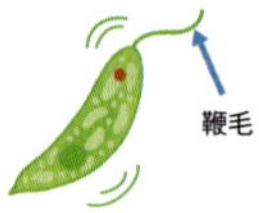

裸藻頭部有著稱之為鞭毛的運動器官，能夠讓它像是動物一般活動。這項兼具動‧植物雙相的生物特徵，讓裸藻與綠藻有著決定性的不同。不只是外觀，就連體內所含的營養素也是同時具備動‧植物雙方所含的成分，因此裸藻也被視為能夠解決糧食危機的希望之星。

裸藻完整均衡的營養素組成

在細微的裸藻當中，同時含有59種人體維持健康運作所需的營養素。包括13種來自蔬果的維生素、19種來自肉類的胺基酸、12種來自魚類的不飽和脂肪酸、9種來自牛奶或海中生物的礦物質，以及包括多醣體在內的6種活力成分。不僅能解決因糧食危機引發的營養不良，也能改善偏食造成的營養不均衡，堪稱未來的超級食物！

少了屏障，更易吸收 裸藻的高人體吸收率原理

除了營養素種類豐富外，裸藻還具備另一項與植物不同的特性。由於裸藻的細胞外層不像蔬菜有堅硬的細胞壁，因此更容易讓人體消化吸收。

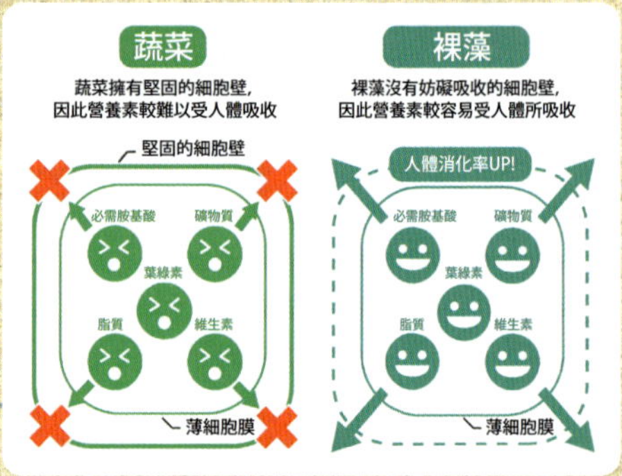

ユーグレナ

未來的超級食物
健康輔助食品業界備受注目的新成員

裸藻早在5億年前就已存在於地球，自1980年代起便有許多科學家投入研究。不過，直到2005年科學家才掌握大量培養裸藻的技術。相較於已經發展數十年、甚至數百年的其他營養補充品，裸藻在健康輔助食品的開發上仍處於初步階段。目前市面上的相關產品依然相對稀少。即便如此，富含59種營養素的裸藻，仍被各界專家視為未來值得關注的超級食物。

鶴羽藥妝（ツルハドラッグ）通路限定
グリーンパワーDX

¥ 150粒 3,888円

每天建議攝取的6粒當中，就含有10億個裸藻！不僅如此，還搭配有助體內環保且富含蛋白質的螺旋藻、綠藻及半乳寡糖。相當適合偏食，或是日常飲食不規律、無法攝取足夠營養的忙碌現代人。

裸藻當中所含的營養素相當多樣豐富，但許多人可能仍然沒有什麼概念。在此，日本藥粧研究室就從裸藻所含的59項營養素當中，抽取其中10項營養素來與常見食材進行營養含量對照。

札幌藥妝（サツドラ）、セキ薬品、ゴダイ限定
ユーグレナ スピルリナ・クロレラ濃縮タイプ

¥ 90粒 4,298円
270粒 10,584円

每1粒當中所含的裸藻數量高達1億個！此外，還搭配螺旋藻及綠藻這些人氣營養藻類。另一個特色，就是添加高濃度的乳酸菌。每日攝取3粒，就能同時補充1,000億個乳酸菌，特別適合想要強化調節腸道環境的人。

膳食纖維	鉛	鐵	菸鹼酸	β-胡蘿蔔素
豌豆莢 5.4 個	蜆 10.7 個	李子 3.7 個	蘆筍 1.1 根	金桔 16.7 個
維生素B₁	**維生素B₂**	**維生素B₁₂**	**維生素E**	**維生素K**
豬肝 4.4 片	雞胸肉 1 片	丁香魚 3.9 條	腰果 19.3 個	甜椒 1.1 個

註：每10億個裸藻中，各代表營養素中之含量

からだにユーグレナパウダーシリーズ

結合裸藻、青汁和優格於一身
完整補全營養素且兼顧腸道健康的粉末系列

在日本藥妝店中，最常見的裸藻產品就是這款兼具營養、腸道健康與美味的粉末系列。這款粉末除了具備59項營養素的石垣島裸藻之外，還添加了大麥若葉和明日葉等青汁常見成分，甚至每包當中還含有1,000億個乳酸菌※。對於經常外食且營養不均衡的忙碌現代人來說，這款產品是不錯的營養補充選擇。

※ 優格每個(100g)之中約含有100億個乳酸菌之情況下，10個共含有1,000億個。添加乳酸菌EF-2001。

からだにユーグレナ グリーンパウダー すっきり緑茶風味

¥ 3.7g×20包 3,218円

帶有清新的綠茶風味，喝起來完全沒有奇怪的草腥味，反而多了一股淡淡的茶香。加入牛奶或豆漿之後，就能調出一杯營養滿分的抹茶奶。

からだにユーグレナ やさしい フルーツオレパウダー

¥ 4.5g×20包 3,218円

喝起來帶有淡淡的酸甜果香味，加入牛奶當中，喝起來就像是水果牛奶一般。不只是大人，也很適合不愛吃菜的小朋友。

TIPS

無論是加入牛奶，或是豆漿、杏仁奶等植物奶當中都很適合，同時可大幅提升營養與口感。另外，也很適合加到優格當中提升風味。

C COFFEE

日本藥妝店爆紅炭咖啡
讓體重管理更加時尚且優雅

深黑簡約，包裝設計充滿時尚感的C COFFEE，是日本藥妝店近期內關注度極高的減重輔助飲品。C COFFEE結合具備吸附油脂及體內排毒作用的炭粉，還有適合體重管理期間攝取的MCT能量油，再搭配膳食纖維、乳酸菌、綠原酸以及維生素D，甚至還添加了促進燃脂的黑薑和精胺酸。這款時尚且成分講究的C COFFEE，也是出自Euglena公司之手的熱門產品。

巴西咖啡原豆研磨
揉和五種日本國產炭粉

C COFFEE採高品質巴西咖啡原豆研磨成粉，再揉合「伊那赤松炭」、「備長炭」、「鎌倉矽竹炭」、「南高梅籽炭」以及「日本國產竹炭」五種炭粉，能夠吸附飲食中的多餘油脂，因此很適合在吃完大餐或油膩食物後來上一杯！

C COFFEE

¥ 50g 2,138円
100g 3,888円

採用獨特的冷凍濃縮製法，能完整濃縮咖啡豆本身的香氣與口感。無論是熱沖冷泡，喝起來都相當順口不苦澀！在體重管理飲品中，屬於極度講究成分與口感的高質感單品。

C COCOA

¥ 105g 3,888円

品牌另一個高人氣單品，則是添加5種炭粉與MCT能量油等體重管理輔助成分的可可粉。另一個特別的地方，就是可可粉當中添加能夠提升睡眠品質且舒緩暫時性心理壓力的「GABA」。非常適合睡前來上一杯，暖暖胃更好睡。（機能性表示食品）

CHAPTER 4

家庭藥特輯

龍角散

日本的喉嚨健康用藥代名詞

誕生自秋田藩主御醫之手
代代相傳200餘年

ゴホン！といえば
龍角散
Ryukakusan

在日本傳用超過200年的龍角散，一直是大家在喉嚨不舒服時第一個想到的家庭常備藥，在後疫情時代更是如此。現今重視喉嚨健康的人變多，龍角散在世人生活中的重要性也隨之提升。其獨特且無可取代的特性，正是龍角散人氣歷久不衰的祕密之一。

龍角散家族的元老，是出自擔任秋田藩御醫的藤井家之手，歷經數次改良，在日本流傳超過200年的喉嚨健康用藥。無論是在日本或臺灣，龍角散都是人人耳熟能詳、備受信賴的家庭常備藥。每當咳嗽或喉嚨不舒服時，就會立刻想到抽屜裡那個閃閃發亮的鋁罐。

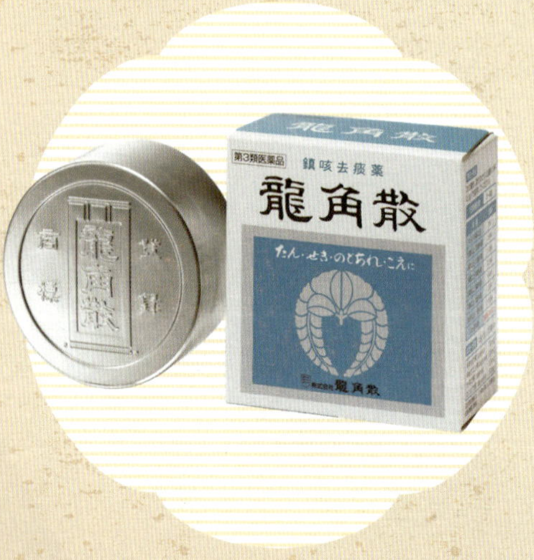

第3類医薬品 | **龍角散**

株式会社龍角散

20g　858円 / 43g 1,540円
90g 2,486円

咳嗽・咳痰・喉嚨發炎所引發之聲音沙啞、喉嚨乾、喉嚨不適、喉嚨疼痛、喉嚨腫脹等症狀。

龍角散藥粉極為細緻，微粉末生藥成分直接對喉嚨黏膜發揮作用，使纖毛運動恢復正常，請勿搭配開水，才能達到最佳藥效。

百年老藥創新改良
提升服用方便性

龍角散
清喉直爽系列

龍角散清喉直爽系列承襲百年老藥的護喉配方，製作成入口即化的顆粒型與含服不咀嚼的口含錠兩種類型。對於不擅長服用粉狀藥物的人來說，這是一個相當方便的選擇。加上薄荷、水蜜桃以及芒果等容易接受的口味，大大降低了服藥的抗拒感。

由於不需要搭配開水即可服用的特點，以及考慮到攜帶便利性的獨立包裝設計，使服用的時間與地點更加自由不受限制。建議一天最多服用6次，且每次間隔須超過2小時。

第 3 類
醫藥品

龍角散ダイレクト スティックミント・ピーチ

株式会社龍角散

16包 770円

咳痰・咳嗽・喉嚨發炎所引發之聲音沙啞、喉嚨乾、喉嚨不適等症狀。

龍角散改良後成為更容易吞服的顆粒版本。相較於傳統圓鋁罐，條狀分包裝設計攜帶更方便，而且採用無糖配方，睡前也能安心服用。

薄荷
口味

水蜜桃
口味

芒果
口味

第 3 類
醫藥品

龍角散ダイレクト トローチマンゴー R

株式会社龍角散

20錠 660円

咳嗽・咳痰・喉嚨發炎所引發之聲音沙啞、喉嚨乾、喉嚨不適、喉嚨疼痛、喉嚨腫脹等症狀。

含有微細粉末生藥成分的口含錠。帶有舒服的清涼感以及淡淡的芒果香氣，建議在喉嚨覺得不舒服或疼痛時含在口中慢慢融化。

務必仔細閱讀使用說明，並遵照用法・用量正確服用。

トノス®(TONOS)

補充荷爾蒙的同時改善性功能

日本市面上極為珍稀的男性荷爾蒙製劑

日本藥妝店裡所販售的OTC醫藥品種類繁多，但大東製藥工業所推出的「TONOS」卻是相當罕見的男性荷爾蒙製劑。其主要原因是日本藥事法規修訂之後，不再核發新的OTC荷爾蒙製劑製造許可證明。

「TONOS」除了能夠補充因年齡增長而逐漸不足的男性荷爾蒙（睪固酮）之外，還搭配3種局部麻醉劑，可幫助男性延長展現雄風的時間。但由於TONOS的成分與配方獨特且不耐熱，通常建議保存於1～15℃的環境中。在25℃的室溫下，也建議不要放置超過一星期。正因如此，大東製藥工業為維持TONOS的品質，至今尚未輸出海外，只能在日本境內購得。

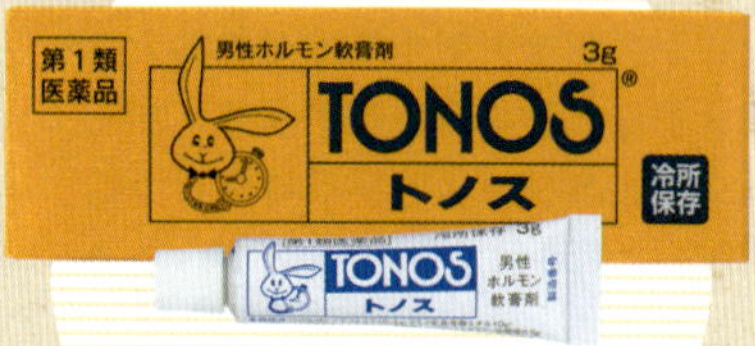

第1類 医薬品

トノス®(TONOS)

大東製薬工業株式会社

3g 5,000円

使用方法

改善男性更年期障礙：
每日1次，取用約一顆紅豆大小的用量，塗抹於陰囊等肌膚柔嫩的部位。

改善性功能障礙（延遲射精時間）：
需要時直接塗抹於性器官（冠狀溝），出現麻痺感之後，再以沐浴用品沖洗乾淨。

HURRY 兔包裝

TONOS的「HURRY兔」包裝版本不只是可愛，其實設計當中藏有許多彩蛋。例如兔子的繁殖力強，因此在西方文化中象徵精力旺盛，所以就連成人雜誌《PLAYBOY》的商標也採用兔子的圖樣。另外，HURRY兔呈90度的雙耳，象徵時鐘上的兩根指針，也就是15分鐘的意思。其實這是在暗喻某份問卷調查中，女性心目中的最佳行房時間長度為15分鐘。

ヒメロス®（HIMEROS）

女性荷爾蒙製劑的長銷品牌

問世超過五十年
女性荷爾蒙補充製劑

來自日本荷爾蒙製劑專家──大東製藥工業的「HIMEROS」，是專門用於改善女性更年期障礙或性功能障礙的女性荷爾蒙軟膏。其主成分由雌二醇和乙炔雌二醇組成。軟膏製劑本身質地黏稠、附著性佳，適合加少量水稀釋後塗抹於私密部位黏膜處，提升荷爾蒙製劑的吸收效果。

「HIMEROS」最大的特色之一，就是成分溫和，不易對肝臟造成負擔。另一方面，透過局部少量塗抹方式進行投藥，其副作用風險相較於作用於全身的口服藥物安全許多。由於「HIMEROS」也能用於改善陰部的乾燥症狀，因此是許多日本女性用來應對更年期各種不適症狀的私密神藥。

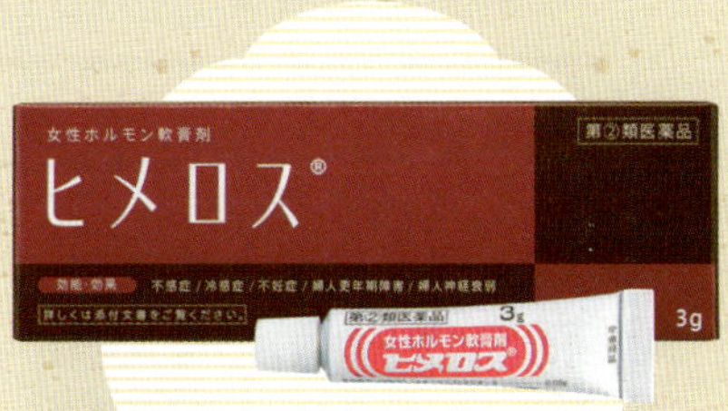

指定 第2類 医藥品

ヒメロス®（HIMEROS）

大東製薬工業株式会社

3g 3,960円

使用方法

每日1~2次取用約一顆紅豆大小的用量，加入1~2滴水仔細化開後，再直接塗抹於陰道內部黏膜處。

未停經女性

生理期結束後連續使用2星期，並在生理期開始後暫停使用2星期。

已停經女性

連續使用2星期，接著暫停使用2星期之後再開始使用。

正確的荷爾蒙製劑補充法

不少人都會擔心，荷爾蒙製劑會不會像同化類固醇那樣產生副作用。所謂的副作用，都是超過生理承受範圍的過高劑量所引起。因此只要在人體正常分泌範圍內適當補充，就不需要擔心會出現副作用。相反的，若是荷爾蒙濃度過低，反而會引起其他生理或心理上的不適症狀。

仁丹

研發靈感來自臺灣
16種生藥成分所製成的口袋法寶

　　裝在厚實玻璃瓶中的那一粒粒散發著中藥味，嘗起來略帶苦味及清涼感的銀色小藥丸，就是與臺灣頗具淵源的仁丹。

　　每一粒仁丹都是由16種中藥成分製成的，在日本被視為提神醒腦的口袋法寶。含在口中能散發出舒暢的清涼感，非常適合在心情煩躁、口臭、宿醉和暈車時服用。

　　相傳仁丹創始人「森下博」在日治時期來訪臺灣，經常看見臺灣人從懷裡掏出小藥丸服用。於是，他回到日本後，以預防疾病為出發點，開發出能隨身攜帶的小藥丸。在歷經數次改良後，於1929年推出流傳至今的第三代「銀粒仁丹」，並成為長銷於臺日兩地的家庭常備品。

醫藥部外品 **仁丹**

森下仁丹株式会社

3,250粒 1,500円

煩躁不安、口臭、宿醉、胸悶、噁心嘔吐、胃酸逆流、暈眩、中暑、暈車

含在口中能散發出舒暢的清涼感，無論是煩躁不安、口臭、宿醉、胸悶、噁心嘔吐、胃酸逆流、暈眩、中暑、暈車等狀況下都適合服用。

MEDICARE 系列

「森下仁丹」於1970年創立的自我藥療（Self-medication）品牌。包括人氣度相當高的口唇護理用藥之外，還有許多皮膚用藥、創傷用藥及OK繃等傷口護理產品。

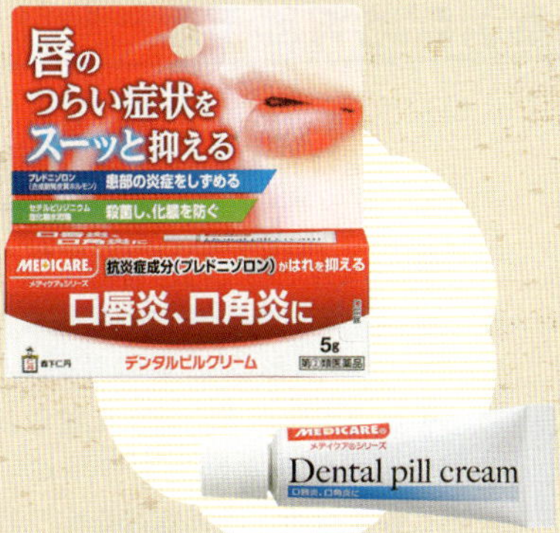

指定
第 2 類
医薬品

MEDICARE デンタルピルクリーム

森下仁丹株式会社

5g 1,320円

主成分為具備消炎作用的皮質類固醇「潑尼松龍」，再搭配殺菌成分「十六烷基氯化吡啶水合物」，可用於嘴唇或嘴角刺痛、發紅、唇裂等問題的唇炎及口角炎治療乳膏。

第 2 類
医薬品

MEDICARE デンタルクリーム

森下仁丹株式会社

5g 1,188円

添加2種局部麻醉止痛成分和殺菌成分，可直接塗抹在嘴破或是牙齦發炎等患部上的治療軟膏。軟膏當中的ℓ-薄荷醇成分，具備鎮靜患部炎症的作用。

太田胃散A<錠剤>

日本經典百年胃散家族成員

專門對付油膩飲食引起的胃部不適

在許多人的赴日採買清單中，長銷超過百年、經典白藍色罐裝的太田胃散早就是必買品項。不過，現今有不少日本人會選擇黃色包裝的「太田胃散A<錠剤>」，來對付飲食習慣改變後常見的胃重感或胃部不適問題。

「太田胃散A<錠剤>」從成分來看，包括四種消化劑、三種制酸成分以及三種芳香性健胃生藥，能夠應對飲食引起的胃悶、胃痛以及火燒心等症狀。此外，添加的四種消化酵素能輔助脂肪、蛋白質和澱粉的消化作用，也相當適合用來對付油膩餐食後的消化不良問題。對於赴日旅遊想要大啖拉麵或燒肉，又擔心消化不良的人來說，也是值得收編的常備良藥。

在服用時間方面，也相當具有彈性，能根據自身狀況進行調整。例如，餐前服用能改善食欲不振問題，也能在餐後服用以應對消化不良等症狀。除此之外，亦適合在睡前服用，幫助隔天的胃腸維持良好狀態。

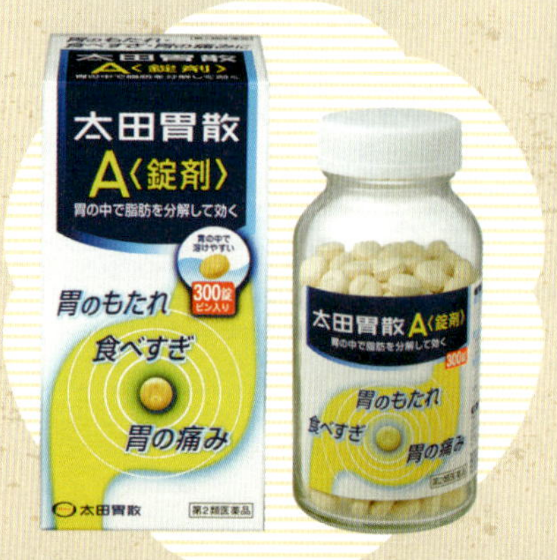

第2類医薬品 | **太田胃散 A< 錠剤 >**

株式会社太田胃散

45錠　748円 / 120錠 1,320円
300錠 2,508円

胃酸分泌不足、食量過多、胃痛、胃灼熱、食欲不振、消化不良、促進消化、飲酒過量、胃酸過多、胸口悶氣、胃部不適、胃腹脹滿、胃弱、胃重、嘔吐、噯氣、噁心。

錠劑直徑僅有只有9.5mm，屬於容易吞服的小錠劑，易溶製劑也能咬碎後服用。

救心

守護心臟健康的百年家庭常備藥

九種珍稀中藥材調製的祖傳藥方

在日本，救心可說是心血管健康常備藥的代名詞。其雛形是武術師「堀喜兵衛」親手研製的武術內傷用藥「一粒藥」，後來因為服用者表示對心臟不適症狀也有不錯的改善效果，因此在歷經數次改良後，成為臺日兩地皆廣為人知的「救心」。正因為救心的配方及適應症獨樹一格，它才能在邁入超高齡化社會的日本與華語圈，成為一款屹立不搖且廣受信賴的家庭常備良藥。

歷史超過百年的救心，是由九種珍稀動、植物中藥材所調製而成，屬於調節心血管系統平衡的家庭常備藥。許多爬樓梯容易氣喘吁吁、登山健行時意識模糊，或是氣溫變化大容易心悸的日本人，都會隨身準備一瓶救心以備不時之需。

第 2 類 医薬品 | **救心**

救心製薬株式会社

¥ 30錠 2,420円 / 60錠 4,510円
120錠 8,360円 / 310錠 18,700円
630錠 34,100円

在許多人的印象中，救心是在出現心血管不適症狀時才需服用。不過，從救心可調節心血管循環平衡狀態的中藥特性來看，其實是更傾向於平時服用的保養用藥。因此，重視心臟保健的健康人士也能服用。

奥田脳神経薬

在日傳承七十年的獨家配方

融合東西方醫學精髓的自律神經調節常備藥

在日本長銷約70年的「奥田脳神経薬」，是日本藥妝店當中相當稀有且堪稱是獨家配方的自律神經調節常備藥。誕生於日本戰後復興期的「奥田脳神経薬」，最大的特色在於融合東西方醫學精髓，採用3種速效型西藥成分，搭配7種調理型中藥成分，調配出獨一無二的配方，能夠緩解因心理壓力過大所出現之頭痛、耳鳴及不安等症狀，進而調整疲勞的神經恢復至正常狀態，可說是相當重要的常備藥。

現代人長期處於高壓環境之中，包括職場、家庭及環境因素在內，這些都會造成自律神經失調，並引發耳鳴、眩暈、頭痛、不安和肩頸僵硬等症狀。因此，即便是已問世約70年的老藥，奥田腦神經藥依舊是現代日本人家中常見的必備良藥。

指定 第2類 医薬品

奥田脳神経薬

奥田製薬株式会社

40錠 1,760円 / 70錠 2,703円
90錠 3,300円 / 150錠 5,217円
160錠 5,280円 / 340錠 9,900円

耳鳴、暈眩、肩頸僵硬、煩躁、頭痛、頭重、頭昏、不安感

目前市面上的奥田腦神經藥共有3種不同的包裝版本。無論是哪種版本，成分、劑量及服用方式都相同。

トフメルA

在日長銷超過九十年

適用各種外傷的神奇粉紅色藥膏

包裝簡樸，散發出滿滿懷舊感的「TOFUMEL-A」，是在日本長銷超過九十年，日本人家中急救箱必備的外傷用軟膏。創業者「渡邊久吉」在兄長開設的診所幫忙時，發現自家調製的藥膏對各種皮膚疾患具備出色的療效，患者之間甚至稱之為「神奇的粉紅色藥膏」。在幾經努力之下，終於在1932年正式商品化，並且成為全家老小都能使用的經典家庭常備藥。

一般常見的外傷藥膏，都是採用凡士林作為基劑，不過TOFUMEL-A則是採用能夠滋潤、軟化並促進皮膚新陳代謝的羊毛脂。另一方面，TOFUMEL-A的主成分之一「氧化鋅」能在傷口或潰瘍處吸收組織液，同時搭配羊毛脂包覆使其維持自然療癒力，進而輔助傷口癒合速度。因此，除了一般的擦傷與刀傷之外，許多日本人也會用來改善嬰兒的尿布疹問題，或是久臥患者的褥瘡困擾。

老藥新用

TOFUMEL-A與濕潤療法

所謂濕潤療法，就是在確實清潔傷口後，以厚敷藥劑的方式，提升人體的自然治癒力，使傷口能更快癒合且不易留下傷疤。由於TOFUMEL-A具備保持濕潤及包覆組織液等作用，所以再次受到日本民眾青睞，成為歷久彌新的家庭常備藥。

第2類醫藥品 **トフメルA**

三宝製薬株式会社

15g 880円 / 40g 1,500円

イボコロリ

日本百年足底健康守護者

專門搞定雞眼、硬繭及贅疣問題的救星

長銷超過百年的「イボコロリ(Ibokorori)」，是日本國內眾所皆知的足底專科家庭常備藥。其產品特色清晰且獨特，即便在今日，仍是日本藥妝店裡用來解決雞眼、硬繭以及贅疣等皮膚問題的外用藥首選。對於許多日本人來說，イボコロリ更是跨越世代，無可取代的足底健康守護者。

長銷基礎型

第2類醫藥品

Ibokorori
イボコロリ

横山製薬株式会社

6mL 1,111円 / 10mL 1,485円

主成分是濃度10%的水楊酸。只要利用連結在瓶蓋上的點藥棒，將藥液塗抹於患部上，就能透過軟化乾硬患部的方式，去除形成於足底的雞眼、硬繭及贅疣。建議每天使用4次。

升級強效型

第2類醫藥品

Uonomekorori
ウオノメコロリ

横山製薬株式会社

6mL 1,243円

針對頑固雞眼或硬繭所開發的成分升級強化版本。包括系列共通的角質柔化成分水楊酸在內，還搭配乳酸，能發揮更顯著的軟化及去除角質效果。建議每天使用1～2次。

OK繃型

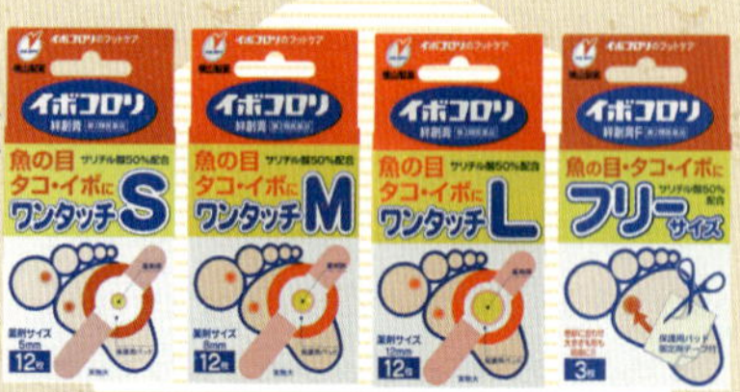

第2類醫藥品

Ibokorori
イボコロリ絆創膏

横山製薬株式会社

S·M·L各尺寸 12枚 1,045円
Free Size 3枚 1,111円

水楊酸濃度高達50%的OK繃造型藥膏。可輕鬆讓藥劑貼附在雞眼等患部上，持續發揮效果。OK繃兩端可纏繞於腳趾上固定。依照患部範圍大小，有3種不同的尺寸可選擇。另外，也有一大片的Free Size型，可根據需求自行剪裁使用。建議2～3天更換一次即可。

正露丸 系列

問世超過120年

腹瀉、軟便時就會想到的居家常備藥

喇叭標誌「正露丸」，一直是日本藥妝店購物清單上的固定班底。其主要成分為天然成分「木餾油」，有助於調整腸內水分平衡，並促進腸道正常蠕動，進而發揮功效。特別適合應對水土不服引起的腸胃不適、消化不良，以及受到壓力等因素引起的軟便和腹瀉等問題，且服用後不會出現嗜睡或暈眩等副作用。

第2類醫薬品　正露丸クイックC

大幸薬品株式会社

16顆 1,100円

日本國內限定的液態軟膠囊版本。不只氣味更淡易吞服，而且還能快速溶解發揮效果。

第2類醫薬品　正露丸

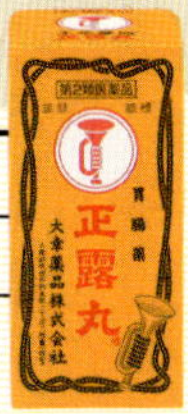

大幸薬品株式会社

100粒 1,342円

俗稱黑藥丸的經典版本，也是許多人共同的回憶。

第2類醫薬品　セイロガン糖衣A

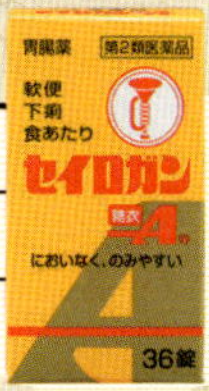

大幸薬品株式会社

36錠 1,210円

外層由糖衣包覆，將天然木餾油的特殊氣味改善許多。

金冠 嬰幼兒止癢系列

來自止癢老藥廠

專為嬰幼兒稚嫩肌膚所研發

歷史約百年的日本止癢藥水老舖「金冠堂」，憑藉多年來的止癢製藥技術，推出了全新的粉紅嬰幼兒止癢系列，適用於嬰幼兒嬌嫩的肌膚。這系列產品不僅能有效應對嬰幼兒常見的尿布疹瘙癢問題，還能緩解蚊蟲叮咬引起的皮膚瘙癢症狀。配方中不含類固醇、酒精或薄荷等成分，使用起來低刺激不易刺痛。這些產品不僅是育兒父母的必備良品，更是家中小朋友人生中第一款必備家庭常備藥。

海綿頭藥水型

第3類醫薬品　KINKAN キンカン ハイハイローション

株式会社金冠堂

50mL 878円

第3類醫薬品　KINKAN キンカン ハイハイクリーム

株式会社金冠堂

15g 768円

軟管乳膏型

CHAPTER

5

日本醫藥健康

綜合感冒藥

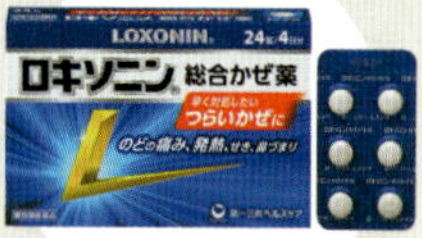

要指導醫藥品

LOXONIN®
ロキソニン® 総合かぜ薬

第一三共ヘルスケア

12錠 1,518円 / 24錠 2,178円

新世代止痛成分「洛索洛芬鈉水合物」研發廠商第一三共所推出的全新綜合感冒藥。除了三種袪痰止咳與一種抗鼻炎成分外，最重要的就是鎮痛解熱效果迅速確實的「洛索洛芬鈉水合物」。對於想要快速解決退燒止痛問題的人，是個相當可靠的新選擇。

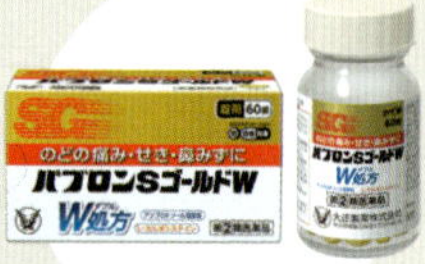

指定第2類醫藥品

PABRON
パブロン S ゴールド W

大正製薬

30錠 1,694円 / 42錠 2,178円
60錠 2,783円

大正百保能感冒藥系列中，不少日本人都會選擇這個版本。在成分組合上著重於輔助呼吸道潔淨與黏膜修復，藉此抑制引起感冒不適症狀的細菌與病毒繼續作怪。同時添加多種成分以緩和頭痛、咳嗽及鼻炎等感冒症狀。

指定第2類醫藥品

Lulu
新ルル A ゴールド DXα

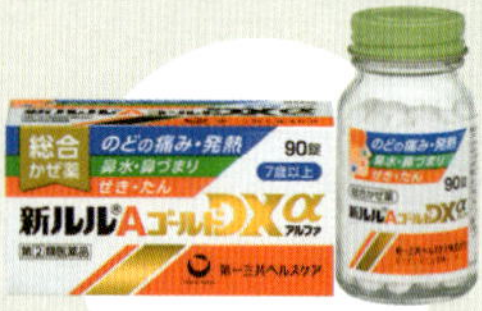

第一三共ヘルスケア

30錠 1,100円 / 60錠 1,870円
90錠 2,420円

Lulu感冒藥的配方升級版，能強化應對各種不同感冒症狀，更添加了第一三共原廠的傳明酸成分，非常適合拿來對付喉嚨腫痛造成的不適感。

指定第2類醫藥品

BENZABLOCK
ベンザブロック YASUMO

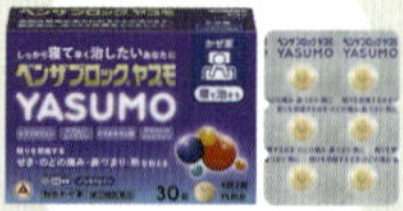

アリナミン製薬

18錠 1,298円 / 30錠 1,738円

添加7種有效成分，包括退燒消炎止痛、袪痰止咳及鼻炎相關成分，能夠全面應對各種影響睡眠的感冒症狀。採用第一代抗組織胺，提倡感冒時就應該好好休息的綜合感冒藥。服用後容易感到有睏覺感，因此適合想好好休息時服用。

指定第2類醫藥品

PABRON
パブロンエース Pro-X

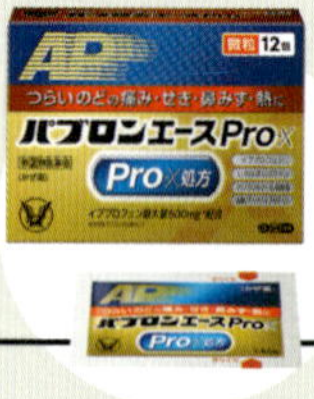

大正製薬

6包 1,518円 / 12包 2,178円

藍金版百保能Ace Pro-X是專門對付難纏感冒症狀的升級進化版。對於想要立即解決感冒不適症狀的人來說，是相當值得參考的綜合感冒藥首選。600毫克高劑量的退燒止痛成分布洛芬，搭配3種止咳袪痰成分，以及兩種能夠應對鼻塞、打噴嚏和流鼻水等鼻炎症狀的成分。藥粉採用獨家包覆技術，能降低入口時的苦味感。

指定第2類醫藥品

PABRON
パブロン S 錠

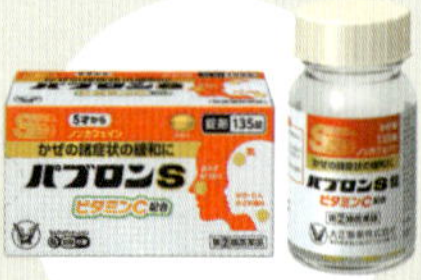

大正製薬

75錠 1,320円 / 135錠 2,200円
180錠 2,640円

2023年8月上市的大正百保能感冒藥新成員。承襲系列共通的退燒止痛、袪痰止咳及鼻炎應對成分，同時新增感冒時容易消耗的維生素C。錠劑更小易吞服，採用乙醯胺酚且不含咖啡因，適合年滿5歲的全家大小作為家庭感冒常備藥。

口服止痛藥

第1類医薬品
LOXONIN®
ロキソニン®Sクイック

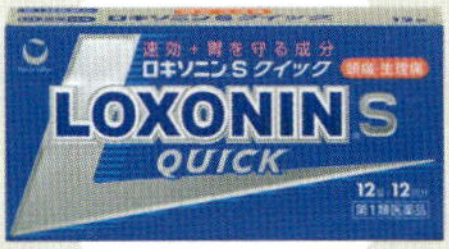

第一三共ヘルスケア

¥ 12錠 933円

止痛成分洛索洛芬鈉水合物是日本製藥大廠第一三共所研發，此成分的止痛藥在日本之外極為少見，但因為效果迅速確實，因此廣受日本民眾信賴。藍盒版本搭配護胃成分矽酸鎂鋁，採速崩溶解製劑技術，能在短時間內快速發揮優秀的效果。

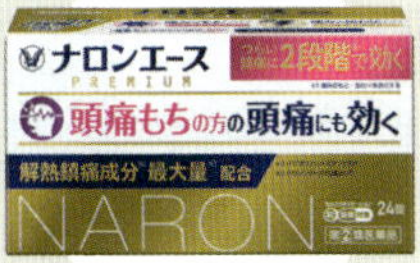

指定第2類医薬品
NARON
ナロンエースプレミアム

大正製薬

¥ 12錠 660円 / 24錠 1,188円

大正製藥NARON止痛藥系列中的強效升級版。布洛芬和鄰乙氧苯甲醯胺這兩種止痛成分的劑量皆提升，同時也添加護胃成分，可緩解服藥時對胃部產生的負擔。採布洛芬速溶製劑技術，能夠迅速確實地應對頭痛或生理痛等不適症狀。

指定第2類医薬品
EVE
スリーショットプレミアム

エスエス製薬

¥ 60錠 2,480 円

EVE可說是觀光客中知名度最高品牌，相隔七年後再次推出的新品。採用少見的布洛芬搭配乙醯胺酚，此外也使用速溶技術及護胃三重訴求。

指定第2類医薬品
BUFFERIN
バファリンプレミアムDX

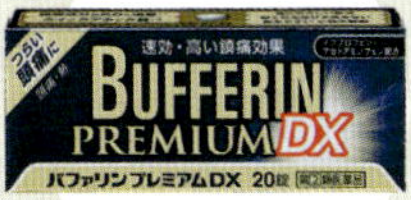

ライオン

¥ 20錠 1,188円 / 40錠 1,958円
60錠 2,508円

專為頭痛難忍問題所開發，主要追求快速有效的解熱鎮痛藥。止痛成分劑量較經典版本多了20%，為品牌中目前止痛成分劑量最高的版本。速解速溶小錠劑可快速發揮作用，搭配對胃溫和成分，在日本也是止痛藥的主流選擇之一。

乙醯胺酚

第2類医薬品
奥田
プレミナスACa

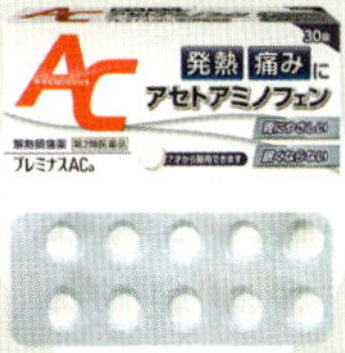

奥田製薬

¥ 30錠 1,078円

成分相當單純，只有訴求溫和較不傷胃的乙醯胺酚。只要年滿7歲以上就能服用，適合全家大小用來對付疼痛與發燒問題。藥物本身不容易引起嗜睡，因此服用後也不會影響日常生活。

鼻炎過敏用藥

第2類醫薬品

ALLEGRA
アレグラ FX

久光製薬

56錠 3,850円

主成分為次世代抗組織胺「鹽酸非索非那定」。在日本，許多人都會用來對付季節轉換或是花粉所引起的過敏性鼻炎。服用後不易嗜睡、不易口渴，而且空腹也能服用。

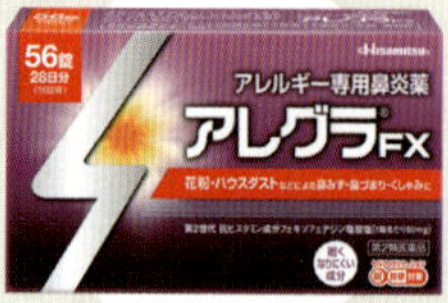

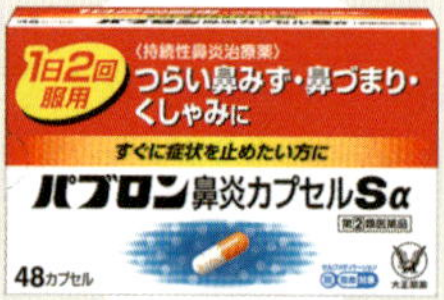

指定第2類醫薬品

PABRON
パブロン 鼻炎カプセル Sα

大正製薬

24顆 1,452円 / 48顆 2,420円

專為急性鼻炎與過敏性鼻炎問題所研發的長效型鼻炎膠囊。膠囊中的白色顆粒可快速溶解，立即發揮藥效；橘色顆粒則會緩慢溶解，長時間發揮藥效。一天只須服用兩次，即可緩解鼻炎問題。

第2類醫薬品

CLARITIN
クラリチン® EX

大正製薬

28錠 3,938円

主成分是不易引起嗜睡及口渴的次世代抗組織胺「氯雷他定」。最大的特色，就是一天只須服用一次即可應對花粉症或其他過敏症狀，通常建議症狀剛出現時就開始服用。

指定第2類醫薬品

AG
アレルカット EXc

第一三共ヘルスケア

10mL 1,980円

主成分為類固醇貝克每松，建議年滿18歲才使用的季節性過敏專用鼻噴霧。不同於一般鼻噴霧，長效型噴劑一天只須使用兩次。藥劑本身添加薄荷醇與薄荷油，使用起來帶有明顯的清涼感。

第2類醫薬品

NAZAL
ナザール Gスプレー

佐藤製薬

30mL 1,518円

包括血管收縮劑、抗組織胺及抗菌劑在內，還額外添加抗炎成分甘草酸二鉀的鼻噴霧。採用全新設計的細霧噴嘴，能讓藥液更細緻溫和地抵達患部。

止咳藥

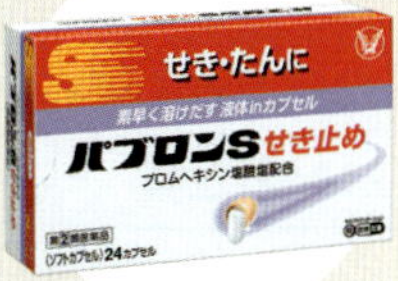

指定 第 2 類 醫藥品

PABRON パブロン S せき止め

大正製薬

12顆 944円 / 24顆 1,767円

大正百保能系列專為止咳祛痰需求所開發的止咳軟膠囊。主成分「鹽酸布朗信」是改善難纏咳嗽與痰液症狀的有效成分。除此之外，還同時搭配多種止咳、支氣管擴張劑與抗組織胺成分，能多方面針對咳嗽與濃痰發揮作用。

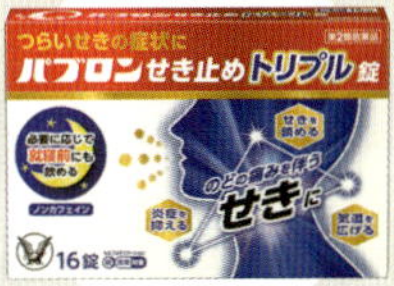

第 2 類 醫藥品

PABRON パブロンせき止めトリプル錠

大正製薬

16錠 1,408円 / 32錠 1,958円

大正百保能系列最新推出，專為喉嚨疼痛伴隨的咳嗽及痰液等問題所推出的三重配方止咳錠。錠劑體積小容易服用，而且一次服用一錠即可。每日建議服用上限為三次，也能用來對付睡覺時難耐煩人的咳嗽。

指定 第 2 類 醫藥品

ANETON アネトン せき止め液

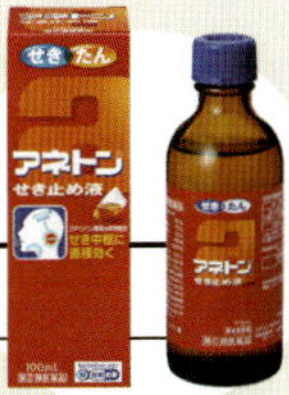

アリナミン製薬

100mL 1,540円

日本藥妝店中長銷多年，全家大小都適用，添加5種祛痰止咳成分的家庭常備止咳藥水。重點成分是能夠抑制咳嗽中樞，止咳效果優秀的磷酸可待因半水合物。藥水本身具有清爽的檸檬茶風味。

第 2 類 醫藥品

VICKS メディカル トローチ L

大正製薬

24錠 770円

添加殺菌成分CPC，能舒緩喉嚨乾痛的口含錠。搭配止咳祛痰成分，適合在感冒時用來舒緩喉嚨不適症狀。清爽微甜的蜂蜜檸檬風味，年滿8歲即可服用。每日服用上限為6次，每次須間隔2小時以上。

指定 第 2 類 醫藥品

奥田 せき止め錠 OR

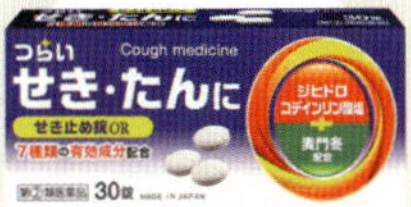

奥田製薬

30錠 1,408円

添加5種祛痰止咳成分的止咳錠，特別適合用來緩解帶痰液的濕咳與過敏性咳嗽等不適症狀。不僅如此，還添加中藥材麥門冬，可同時應對支氣管發炎所引起的肺燥乾咳症狀。

指定 第 2 類 醫藥品

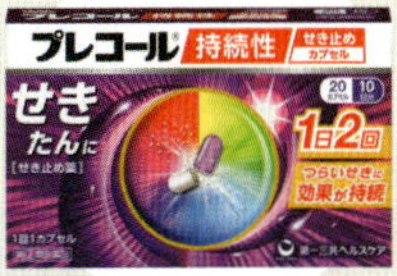

PRECOL プレコール持続性 せき止めカプセル

第一三共ヘルスケア

10顆 1,650円 / 20顆 2,475円

添加三種祛痰止咳成分，搭配抗組織胺的長效止咳膠囊，一天只需要服用兩次，對於工作忙碌的上班族，或是無法經常服藥的人來說可說是省事的止咳幫手。

喉嚨口腔用藥

第3類 医薬品 PABRON パブロンのど錠

大正製薬

18錠 1,452円 / 36錠 2,662円

添加2種抗發炎成分，可緩解扁桃腺發炎，或是乾燥、菸酒、K歌等原因所引發之咽喉發炎的咀嚼錠。不須搭配開水，而且餐前餐後皆可服用，便利性相當高。適合沒有其他感冒不適症狀，僅喉嚨感到疼痛時服用。

第3類 医薬品 PELACK ペラック T 細粒クール

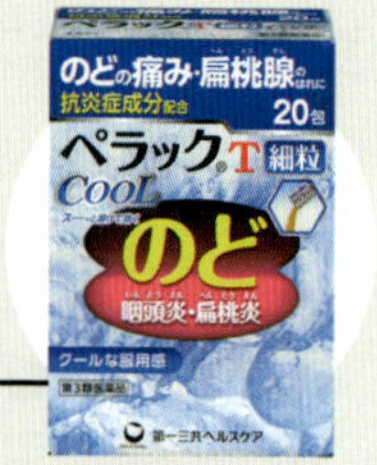

第一三共ヘルスケア

10包 1,430円 / 20包 2,640円

主成分為具備消炎作用的傳明酸，再搭配3種能夠修復黏膜的維生素，專為喉嚨痛、扁桃腺腫痛以及口內炎問題所開發的藥粉。服用時帶有舒服的清涼感，能舒緩喉嚨疼痛時的腫熱感。年滿7歲即可服用。

第3類 医薬品 Kabakun アズレン E トローチ

健栄製薬

24錠 589円

日本藥妝店熱賣多年的河馬君口含錠。添加薁磺酸鈉與甘草酸二鉀等兩種抗發炎成分和抗菌成分CPC，適合在喉嚨乾痛時含在口中，緩解喉嚨紅腫疼痛不適。錠劑本身偏硬，可發揮緩釋長時間作用的效果，中間挖洞的甜甜圈造型，更能預防誤嚥時可能發生的窒息問題。

第3類 医薬品 Kabakun 健栄うがい薬

健栄製薬

120mL 1,188円 / 250mL 2,090円

在卡通動畫中，經常可見日本人回到家之後都會使用這類的漱口液漱口，以消除口腔細菌與病毒。主成分為消毒殺菌力優秀的聚維酮碘，加水稀釋後使用，可在消毒殺菌的同時，發揮消除口臭等口腔潔淨作用。

第3類 医薬品 Kabakun 健栄のどスプレーアズレン

健栄製薬

30mL 1,078円

來自健榮製藥河馬君系列的喉嚨噴霧。主成分是消炎成分「薁磺酸鈉水合物」與殺菌成分「CPC」。除了用來緩解喉嚨紅腫疼痛不適外，也能拿來對付嘴破等口內炎問題。

第2類醫藥品

MEDICARE
デンタルクリーム

森下仁丹

5g 1,188円

能夠直接塗抹在嘴破患部上的口內炎軟膏。添加兩種局部麻醉止痛成分及殺菌成分。軟膏本身的附著性高，塗抹後可緊密服貼在患部。軟膏本身添加薄荷醇成分，可提升舒緩患部不適的作用。

指定第2類醫藥品

口內炎 PATCH
口内炎パッチ大正クイックケア

大正製薬

10片 1,584円

眾多臺灣人必備的口內炎貼片升級版。直接黏貼於嘴破部位就能完整保護患部，即使在說話或吃東西時，也不容易感到刺激疼痛。升級版貼片中添加類固醇成分，對於想要快點擺脫嘴破痛苦的人來說，是相當不錯的選擇。

指定第2類醫藥品

TRAFUL
トラフルダイレクト a

第一三共ヘルスケア

12枚 1,320円 / 24枚 1,980円

添加類固醇消炎成分的口內炎貼片。貼片本身為薄膜製劑，因此貼在口腔內異物感不會太明顯。貼片中所含的有效成分，會漸漸溶解釋放，貼片也會隨之完全溶解，因此也很適合在睡覺時使用。

第2類醫藥品

PALMORE
パルモアー

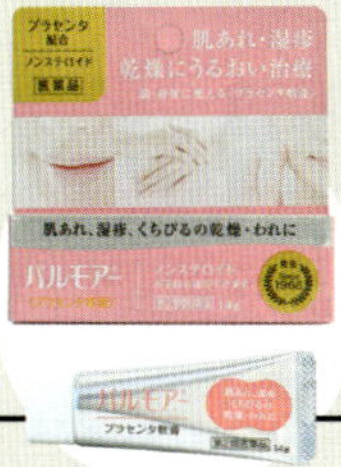

三宝製薬

7g 1,210円 / 14g 2,090円

在日本長銷將近60年的胎盤素軟膏。胎盤素富含維生素、礦物質、胺基酸及酵素，具有活化肌膚新陳代謝與軟化角質等作用。不只能搞定一般護唇膏無法解決的雙唇乾裂與脫皮等問題，也適用於手肘、膝蓋或腳跟等皮膚容易乾燥龜裂的部位。

第1類醫藥品

HERPECIA
ヘルペシアクリーム

大正製薬

2g 1,210円

日本OTC市場上少見的口唇皰疹用藥，僅限於過去曾經確診罹患口唇皰疹的復發患者使用的治療乳膏。主成分為抗病毒成分阿昔洛韋（Acyclovir），一般建議復發患者於嘴唇或其周圍出現刺痛感時就立即使用。對於唇皰疹經常突然復發的人來說，是相當不錯的應急常備藥。

胃腸藥

第 2 類
醫藥品

大正製薬
大正漢方胃腸薬〈微粒〉

大正製薬

48包 3,146円

採中藥健胃藥方「安中散」為基礎，搭配能消除胃部緊張感之「芍藥甘草湯」所調製而成。特別適合容易感到壓力大或飲食不規律的忙碌現代人。無論餐前或餐間皆可服用。

第 2 類
醫藥品

CABAGIN
キャベジンコーワα

興和

300錠 2,750円

臺灣人赴日必掃的胃腸神藥之一。最重要的成分是胃黏膜修復成分MMSC，再搭配多種健胃、制酸及脂肪酶等消化酵素，因此特別適合料理偏油膩的華人作為家庭常備藥。

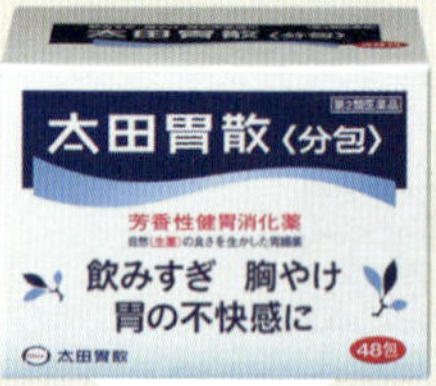

第 2 類
醫藥品

Ohtaisan
太田胃散〈分包〉

太田胃散

48包 1,738円

日本胃腸藥的經典老字號。結合7種健胃中藥成分、4種作用時間不同的制酸劑，以及可幫助澱粉與蛋白質消化的消化酵素，可用來應對各種胃部不適症狀。藥粉本身相當細緻，因為添加薄荷醇的關係，服用時會有一股舒服的清涼感。

第 1 類
醫藥品

Gaster 10
ガスター 10 錠剤

第一三共ヘルスケア

6錠 1,078円 / 12錠 1,738円

主成分為H_2受體阻抗劑，適用於應對胃酸分泌過多所引起的胃痛及胃悶等症狀。糖衣錠本身體積小容易吞服，一天服用上限為兩次。不建議15歲以下及80歲以上的族群服用。

第 2 類
醫藥品

奥田
奥田胃腸薬〈錠剤〉

奥田製薬

210錠 2,090円 / 400錠 3,630円

在日本長銷將近130年的經典胃腸老藥。添加12種天然中藥材成分與1種制酸劑成分，透過成分間相輔相成的作用，改善各種腸胃不適問題。訴求能用最自然的方式，幫助胃腸恢復健康狀態。

便秘整腸藥

第3類 医薬品

KENEI 酸化マグネシウムE便秘薬

特別推薦

健栄製薬

40錠 748円 / 90錠 1,320円
180錠 2,420円 / 360錠 4,400円

日本最為熱賣的非刺激性便祕藥。成分相當單純，透過收集腸道水分以軟化糞便的方式，幫助人體自然排便。不僅不容易引發腹部絞痛，而且也不太會產生依賴性，適合用來溫和改善長期的慢性便祕問題。

第2類 医薬品

Colac コーラックII

大正製薬

40錠 715円 / 80錠 1,320円
120錠 1,870円

日本藥妝店最熱銷的刺激性便祕藥之一。五層構造的小型錠劑，能讓有效成分通過胃酸，直達腸道發揮作用。同時搭配DSS成分，能幫助水分滲透至乾硬的糞便中，特別適合用來對付糞便乾硬型便祕問題。

第2類 医薬品

ALINAMIN 大地の漢方便秘薬

アリナミン製薬

65錠 1,518円 / 120錠 2,618円
180錠 3,608円

根據東漢醫藥經典《金匱要略》中的大黃甘草湯藥方，並採用日本國產信州大黃所調製而成的漢方便祕藥。主打特色為不過度刺激，力求接近自然排便的效果。

第2類 医薬品

BIOFERMIN® ビオフェルミン®下痢止め

大正製薬

30錠 1,100円

腸道健康專家「表飛鳴」所推出的止瀉藥。利用芍藥及莨菪等中藥萃取成分，緩和腹瀉時的腹痛症狀，再搭配老鸛草萃取物來輔助修復受損的腸道黏膜。除此之外再搭配小蘗鹼發揮殺菌及收斂小腸異常運動。另一個特色，就是加入表飛鳴拿手的比菲德氏菌，用以調節腸道環境。

指定医薬部外品

BIO-THREE ビオスリーH

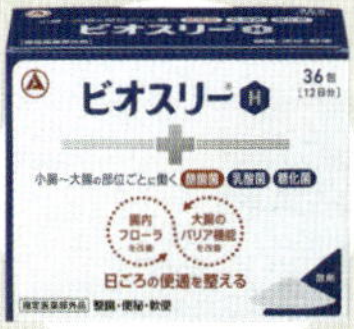

アリナミン製薬

36包 1,518円

搭配3種有助腸道菌叢健康及改善大腸防禦機能的活性菌，除了分包散劑，瓶裝版本錠劑體積小容易吞服，可應對便祕、軟便或腹脹等常見症狀。

外用鎮定消炎藥

第3類 医薬品

SALONSIP®
のびのび® サロンシップ® フィット®

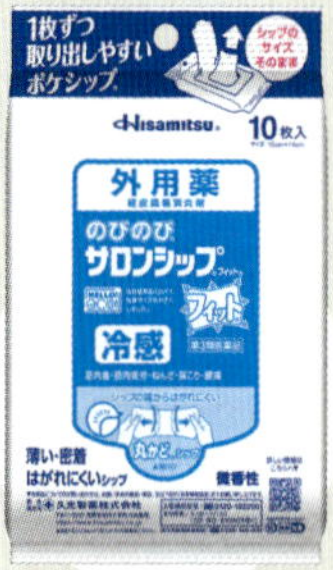

久光製薬

10枚入 847円

本身相當輕薄且具有伸展性，可完全服貼於患部的涼感痠痛貼布。在包裝方面也相當特別，捨棄傳統的紙盒包裝，而採用類似濕紙巾的抽取方式，可說是相當友善環境的貼心設計。

第2類 医薬品

LOXONIN®
ロキソニン® Sハードゲル

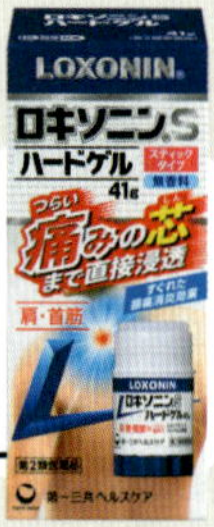

第一三共ヘルスケア

41g 1,628円

主要消炎止痛成分是原本為處方用藥的新世代成分洛索洛芬鈉水合物。方便的旋轉式香膏管設計，使用起來完全不沾手，而且質地清爽，使用後不沾衣物。方便收納攜帶不怕藥液外漏，非常適合外出旅行或運動時放在隨身行李。

第3類 医薬品

Salonpas®
サロンパス Ae®

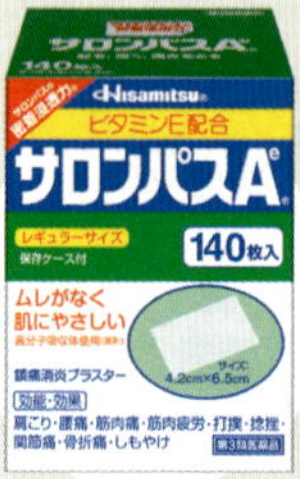

久光製薬

140枚入 1,500円 / 240枚入 2,470円

臺灣人赴日採購的痠痛貼布基本款。主成分是具有消炎作用的水楊酸，以及能促進血液循環的維生素E。貼布採用可吸附汗水的高分子吸收體製劑技術，能降低使用時的悶熱感。

第3類 医薬品

TOKUHON
トクホン

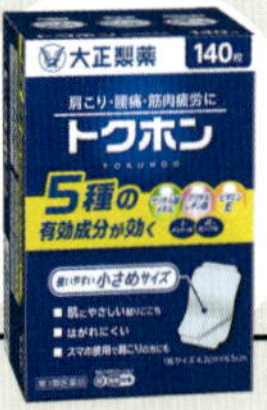

大正製薬

40枚　583円 / 80枚 1,056円
140枚 1,650円

品牌歷史將近90年的老字號長銷痠痛貼布「德本牌」。對於不少日本人來說，是從小到大家中可見的常備痠痛貼布，可廣泛用於各種肌肉痠痛及扭傷等問題。貼布本身質地輕薄，貼起來不會有悶熱感，而且邊邊角角也不容易捲起來。

第3類 医薬品

TOKUHON
新トクホンチール

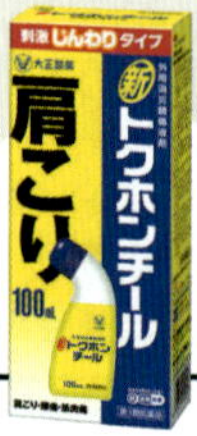

大正製薬

100mL 825円

主成分是具備消炎鎮痛作用的水楊酸甲酯，使用起來帶有一股溫熱且舒服刺激感的德本痠痛藥水。瓶身設計帶有獨特的曲線，不只是肩頸與腰部，就連凹凸不平的關節部位也能輕鬆塗抹。

維生素

TRANSINO®
ホワイト C プレミアム

第 3 類 醫薬品

第一三共ヘルスケア

90錠 2,310円 / 180錠 3,520円

一上市就搶手熱銷，TRANSINO美白錠的進化升級版。主要亮白成分L-半胱氨酸為規範最高劑量的240毫克，同時也將維生素C的添加量提升至2,000毫克。特別適合曾經服用過美白錠，並且想針對難以透過底妝遮飾的黑斑進行集中式調理。

Chocola BB
チョコラ BB プラス

第 3 類 醫薬品

エーザイ

60錠 1,694円 / 120錠 3,146円
180錠 4,466円

臺灣人再熟悉不過的美肌系B群。添加5種輔助活化肌膚細胞與維持黏膜健康的維生素B群作為主成分，不只可以用來對付肌膚乾荒、痘痘等肌膚困擾，還能解決嘴破、嘴角發炎等因維生素B缺乏造成的問題。

ALINAMIN
アリナミン EX プラスα

第 3 類 醫薬品

アリナミン製薬

24錠　990円 / 80錠 2,970円
140錠 4,730円 / 280錠 7,700円

外包裝為顯眼銀紅配色的合利他命EX PLUS強化升級版。整體而言，除了B群成分與劑量都和EX PLUS相同，更額外添加人體產生能量時所需的維生素B_2。對於疲勞感特別強烈的人而言，是相對更有感的新選擇。

Lipovitan
リポビタン DX PLUS

指定醫薬部外品

大正製薬

90錠 4,488円 / 180錠 6,688円
270錠 8,888円

力保美達DX錠劑系列的頂級配方版本。除了品牌核心成分牛磺酸之外，還添加能夠輔助改善營養不良引起之眼睛疲勞的維生素B_{12}、輔助改善因為增齡而出現肩、頸、腰、膝不順的杜仲，以及可輔助改善四肢易冰冷的當歸。不只能夠用來消除疲勞，也很推薦用來對付營養不良引起的眼睛疲勞問題，還有年齡增長下所出現肩、頸、腰、膝的卡卡不順。

Hepalyse
ヘパリーゼ プラスII

第 3 類 醫薬品

ゼリア新薬工業

180錠 5,445円

添加肝臟水解物等多種有助於肝臟及腸胃健康成分的護肝常備藥。在日本長銷超過40年，許多日本人都會在酒席前後服用，堪稱是日本人護肝OTC的首選。近年來更是受到眾多華人旅客青睞，成為新一代的購物清單固定班底。

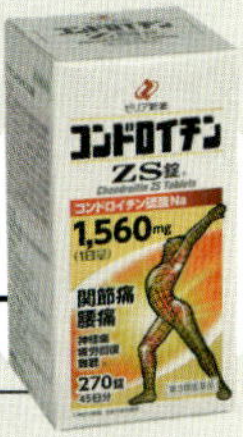

Chondroitin
コンドロイチン ZS 錠

第 3 類 醫薬品

ゼリア新薬工業

270錠 9,108円

在日本長銷熱賣近60年，內含的硫酸軟骨素劑量高達1,560毫克，不只能拿來對付關節痛、神經痛、腰痛及五十肩等問題，也可以用於輔助改善神經性與外傷性所引起的聽力障礙。對於日本的中高齡族群而言，可說是相當重要的日常保健藥品。

眼藥水

第2類医薬品

sante
サンテン FX ネオ

参天製薬

12mL 924円

使用起來帶有醒腦涼感，眾多華人赴日必買的參天FX銀版眼藥水。從成分來看，屬於基本的疲勞改善型眼藥水。許多藥妝店都會推出優惠價格作為攬客噱頭，經常可見觀光客大量掃貨。

第2類医薬品

V.ROHTO
V ロート アクティブプレミアム

ロート製薬

15mL 1,650円

樂敦V頂級系列中，專為眼睛不易對焦、容易疲勞乾澀，以及淚液分泌不足等問題所開發的紫鑽抗齡眼藥水。針對高齡者最感到困擾的淚液分泌不足問題，還添加高劑量的維生素A與硫酸軟骨素來穩定淚液的質與量。

第3類医薬品

ROHTO
リセグロウ ®

ロート製薬

8mL 880円

配戴隱形眼鏡也可以使用，小花眼藥水最新成員。添加多種成分，可同時應對雙眼疲勞、乾澀及瘙癢等問題。獨特的滴口設計，讓每滴眼藥水的體積僅有傳統眼藥的一半，因此不擔心溢流出眼眶的眼藥水導致眼妝崩壞。

第2類医薬品

IRIS
アイリス フォン ブレイク

大正製薬

12mL 1,496円

專為長時間使用手機等3C產品的現代人所開發，使用起來帶有沁涼感的眼藥水。除了強化睫狀肌調節機能成分外，同時搭配的消除疲勞及滋潤雙眼的成分居然多達12種！對於日常手機電腦不離手的人，是值得隨身備用的眼藥水。

第 3 類 醫薬品

IRIS
アイリス AG コンタクト

大正製薬

0.4mL×18支 1,320円

添加抗組織胺、潤澤及促進新陳代謝成分的抗過敏眼藥水。採用衛生的單次包裝，配戴隱形眼鏡也可以使用。眼藥水本身溫和無涼感且無防腐劑，不會對處於過敏狀態的雙眼造成過度刺激。

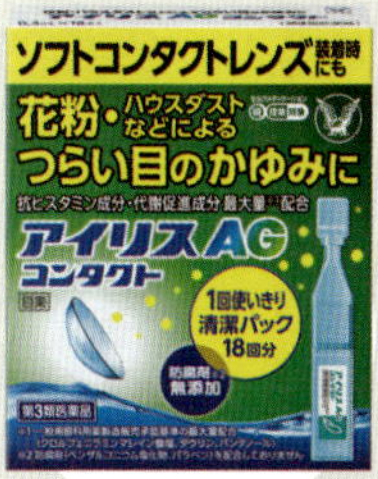

第 2 類 醫薬品

Smile
スマイル 40 プレミアム ザ・ワン クール

ライオン

15mL 1,958円

日本獅王Smile眼藥的全新頂級系列。主成分是品牌核心的角膜修復成分「維生素A」，再針對眼睛疲勞、模糊、充血、癢等症狀緩解需求，添加成分多達12種。共有無涼感、涼感和超涼感三種清涼度可依照喜好選擇。

第 2 類 醫薬品

MyTear
マイティアアルピタット EXα7

第一三共ヘルスケア

15mL 2,420円

針對花粉等過敏源所引起嚴重眼睛癢癢的專用眼藥水。除常見的抗過敏與角膜修復成分之外，最大的特色就是同時添加抗過敏「色甘酸鈉」與抗發炎「普拉洛芬」這兩種原本用於處方用藥的轉類OTC成分，在抗過敏與抗發炎的表現會較為有感。

第 2 類 醫薬品

MyTear
マイティア アイテクトEX

第一三共ヘルスケア

15mL 1,628円

專為雙眼有異物感所開發的抗發炎眼藥水。重點抗發炎成分「普拉洛芬」原本屬於處方用藥成分，直到近期才改列為OTC成分。搭配抗過敏、保護、修復和代謝等四種成分，能舒緩雙眼發炎不適，同時防護及恢復角膜狀態。

瘙癢用藥

第3類
醫藥品

MUHI
ムヒS

池田模範堂

20g 660円

主打不含皮質類固醇，全家大小都能使用的老牌止癢乳膏。擁有相當優秀的止癢作用，搭配舒適的清涼感，使用起來易推展且不油膩，是許多日本人家中可見的止癢常備藥。

第2類
醫藥品

CLINILABO
VIOLAO ケア

大正製薬

20g 1,518円

專為VIO私密部位護理所推出的止癢乳膏。添加六種消炎止癢成分，可用於乾燥或除毛引起之發炎瘙癢部位，甚至還適用於衣物摩擦造成的瘙癢感。搭配爽身粉體，使用後的膚觸呈現乾爽滑順，而且還帶有淡淡的花香味。

指定
第2類
醫藥品

UNA
ウナコーワ
エースL

興和

30mL 1,078円

興和護那蚊蟲止癢液的加強升級版，在止癢效果上表現更佳。除了原有的止癢劑與局部麻醉藥成分外，還額外搭配安藥型類固醇PVA，可有效應對跳蚤咬傷、毛毛蟲刺毛過敏或水母螫傷所引起的強烈不適感。

指定
第2類
醫藥品

CLINILABO
メディロイド
PVA クリーム

大正製薬

15g 1,518円

針對富貴手困擾所開發，添加安全性高的安藥型類固醇，可發揮優秀抗炎作用的皮膚炎乳膏。搭配止癢、殺菌與輔助促進循環成分，質地相當清爽不黏膩，上藥後直接使用手機也沒問題。

指定
第2類
醫藥品

EURAX
オイラックスA

第一三共ヘルスケア

10g 880円 / 20g 1,540円
30g 2,090円

添加類固醇與消炎止癢等6種成分，全家大小都能使用的止癢乳膏。在日本是許多家庭都可見的常備藥，包括蚊蟲咬傷在內，濕疹及汗疹等常見皮膚瘙癢問題也都能有效應對。

乾燥用藥

第2類医薬品 AD メンソレータム AD クリーム m

ロート製薬

145g 1,518円

無論是在臺灣或是香港，暱稱為藍色小護士的AD乳霜都是許多人家中必備的乾燥對策常備藥。添加三種止癢成分，搭配濃密潤澤的乳霜質地，特別適合用來對付冬季癢或洗澡後乾癢問題。

第3類医薬品 MUHI ヒビケア軟膏 b

池田模範堂

15g 1,540円

添加組織修復、止癢以及促進循環等成分，專為手指反覆出現裂傷問題所開發的修復型軟膏。對於工作需要經常碰水的從業人員或家庭主婦而言，很適合用來修護乾裂且疼痛的手指。

第3類医薬品 Propeto プロペト ピュアベール a

第一三共ヘルスケア

30g 660円 / 100g 1,100円

將白色凡士林再度精製，極力排除雜質後所製作而成的高品質凡士林。質地柔軟不黏膩且延展性佳，可用於手、臉、嘴脣至全身，在敏感的肌膚表面形成一道保護膜，避免肌膚受到過度刺激。

第2類医薬品 Healmild ヒルマイルド 泡フォーム

健栄製薬

100g 2,508円

主成分是濃度高達0.3%的類肝素，適合用於改善惱人的乾燥肌問題。乳霜劑型熱賣到缺貨後，2024年再推出全新的泡泡劑型，使用起來質地相當清爽好推展，更因為使用感獨特的關係，能大幅降低小朋友對於擦藥的排斥感。

第2類医薬品 CLINILABO ヘパリオ クリーム

大正製薬

60g 1,518円

主成分是近期備受注目，改善乾燥肌表現相當優秀的類肝素，再搭配具修復作用的尿囊素與促進循環作用的生育酚醋酸酯，可提升乾荒肌的呵護力。質地為抗油耐汗且親膚力高的乳霜，使用起來潤澤力高但不黏膩，就連嬰兒也可以使用。

第3類医薬品 MENTHOLATUM メンソレータム 軟膏 c

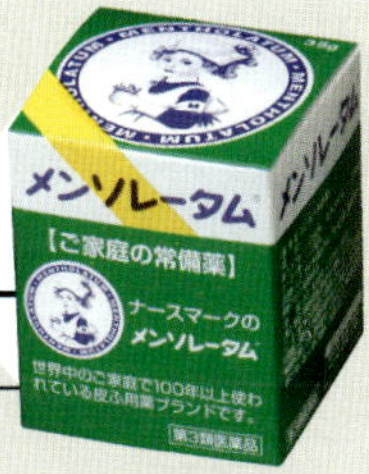

ロート製薬

12g 418円 / 35g 748円
75g 990円

長銷全球130年的小護士曼秀雷敦軟膏，可說是每個人就算沒有使用過也都看過。基底為凡士林，搭配薄荷油和尤加利油，使用起來具有淡淡清涼感。許多臺日家庭都把它當成解決一家老小皮膚癢癢、脫皮與乾裂問題的萬用軟膏。

外傷用藥

第3類 醫藥品

MAKIRON
マキロン s

第一三共ヘルスケア

30mL 418円 / 75mL 715円

結合殺菌、組織修復與抗組織胺成分的消毒藥水。可在消毒的同時，降低傷口癒合的瘙癢不適感。是許多日本人家中急救箱可見，用於刀傷、擦傷、割傷、抓傷或穿鞋磨傷等傷口之包紮消毒。

第3類 醫藥品

Coloskin
コロスキン

東京甲子社

11mL 598円

日本液態OK繃界的老字號，用以形成保護薄膜的硝基纖維素，濃度高達16%之多，號稱是同類型產品中的最高濃度。不過對於仍在出血的開放性傷口，較不建議使用這類的外傷用藥。

第2類 醫藥品

TOFUMEL
トフメル A

三宝製薬

40g 1,650 円

日本長銷超過90年的老牌家庭常備藥。主成分中的氧化鋅可在吸收傷口分泌物的同時，於傷口上方形成保護膜，以濕潤療法的概念加快傷口癒合。適用於燒燙傷、擦傷、刀傷、刺傷以及裂傷等各種外傷。

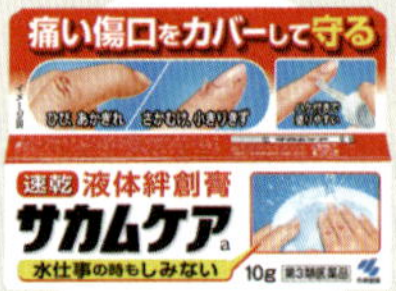

第3類 醫藥品

SAKAMUCARE
サカムケア

小林製薬

10g 979円

日本藥妝店中常見且熱門的液態OK繃產品。有別於其他同質性產品的最大特色，就是搭配刷頭設計，能簡單輕鬆地將藥劑均勻塗抹於患部，使用起來可完全不沾手。

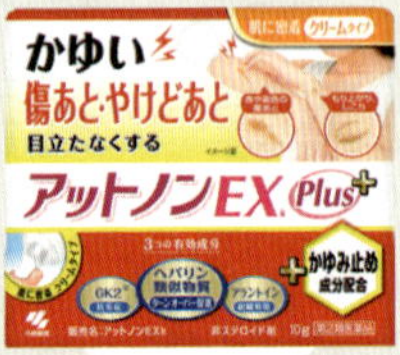

第2類 醫藥品

ATNON
アットノン EX$_k$ かゆみ止めプラス

小林製薬

10g 1,430円

結合類肝素的輔助代謝作用，以及尿囊素的組織修復作用所研發的撫疤膏。Plus版強化止癢成分，能舒緩傷疤癒合時所出現的瘙癢感。適合在傷口癒合時，用來輔助淡化令人在意的傷疤。

痘痘藥

第 2 類 医薬品

PAIR
ペアアクネクリーム W

ライオン

14g 1,045円 / 24g 1,595円

添加抗發炎成分IPPM（布洛芬吡啶甲醇）及抗菌成分IPMP（異丙基甲基酚）的痘痘藥，針對使症狀惡化的痤瘡桿菌等產生效果，進而抑止粉刺痘痘的形成。

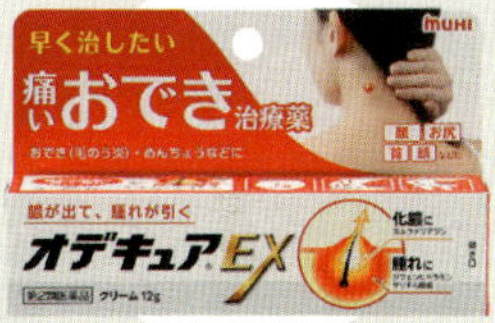

第 2 類 医薬品

MAKIRON ACNEIGE
メディカルクリーム

第一三共ヘルスケア

18g 1,320円 / 28g 1,870円

以主要殺菌成分「氯化苯索寧」為核心，適用形成於下巴或嘴巴周圍，那些又紅又腫且痛的大痘痘。在殺菌抗發炎的同時，利用維生素E促進血液循環，來抑制發炎症狀，同時輔助排除引起紅腫症狀的細菌。

第 2 類 医薬品

MUHI
オデキュア EX

池田模範堂

12g 1,210円

添加抗菌與消腫成分，專門對付身體上那些帶有疼痛感的毛囊炎，不論是出現在脖子、胸口、背部或臀部等不同部位的毛囊炎，都適合用這條藥膏快速應對。

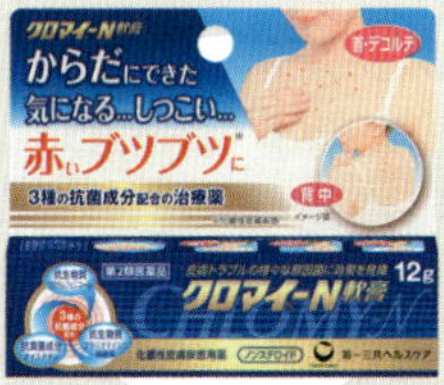

第 2 類 医薬品

CHLOMY
クロマイ -N 軟膏

第一三共ヘルスケア

12g 1,550円

部分長在胸口或背上的痘痘，其成因都不單純，很可能是黴菌感染所引起的毛囊炎。這款目前日本市面上唯一的抗黴菌OTC軟膏，正是專為這種毛囊炎問題所研發。

第 2 類 医薬品

Senacure
セナキュア

小林製薬

100mL 1,260円

針對引發背後痘痘問題的成因菌所研發，可同時發揮殺菌、消炎及修復作用的痘痘噴霧。顛倒瓶身也能使用，對付背部痘痘問題從此不再求人！

其他用藥

要指導 醫藥品

alli
アライ

大正製薬

18顆 2,530円 / 90顆 8,800円

目前日本藥妝店裡唯一的內臟脂肪消除藥物。主成分「奧利司他」能阻礙脂肪酶活性，藉此抑制透過飲食所攝入的油脂吸收量。隨餐服用的情況下，飲食中的油脂大約有25%會隨著糞便排出體外，進而發揮減少內臟脂肪與腰圍尺寸的效果。

第 1 類 醫藥品

RiUP
リアップ X5 チャージ

大正製薬

60mL 8,140円

有效成分為高達5%濃度、可活化毛囊與基質細胞的米諾地爾，是許多日本人的生髮用藥首選。額外搭配8種獨家頭皮養護成分，能讓頭皮環境更適合頭髮生長。相當推薦給有掉髮問題的青、壯年男性使用。另外也有米諾地爾濃度為1%的女性用版本。

第 3 類 醫藥品

Saclophyl
サクロフィール錠

エーザイ

50錠 1,078円

主成分萃取自葉綠素，能對體內的異味產生因子直接發揮作用的除味錠。特別適合用來去除飲酒、飯後留下的異味，也適合在約會前用來淡化壞口氣。想要維持好口氣的人，不妨可以試試看。

第 1 類 醫藥品

GLOWMIN®
グローミン ®

大東製薬工業

10g 4,158円

主成分為男性荷爾蒙「睾固酮」。男性睾固酮分泌量會隨著年齡增長而逐漸減少，尤其是年過40歲之後，睾固酮分泌量會明顯降低，進而引發男性特有的更年期障礙。對於有男性荷爾蒙不足困擾的人而言，此類外用藥膏可說是最簡單且安全的補充方式。

指定 第 2 類 醫藥品

BASTOMIN
バストミン ®

大東製薬工業

4g 3,960円

專為更年期後的女性所研發，可適度補充女性荷爾蒙的乳霜型藥膏。停經後的女性在適度補充女性荷爾蒙後，可改善陰部乾燥、煩躁、潮熱和性功能衰退等各種更年期所帶來的不適症狀。

第 2 類
医薬品

DERMARIN
ダマリン L

大正製薬

15g 2,530円 / 20g 3,080円

主成分是抗真菌劑硝酸美可那唑的足癬乳膏。採用獨家製劑技術，讓乳膏能確實附著於患部，並讓有效成分持續停留與滲透，因此一天只需要塗抹一次即可。搭配局部麻醉劑成分，可發揮不錯的止癢效果。

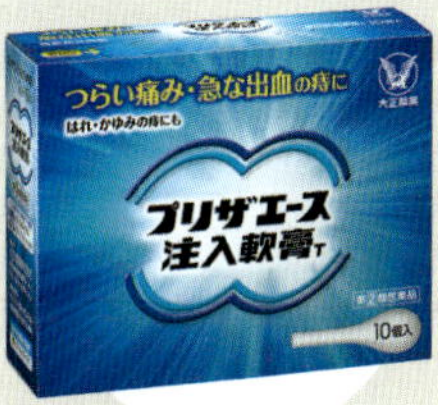

指定
第 2 類
医薬品

PRESER
プリザエース注入軟膏 T

大正製薬

10個 1,936円 / 20個 3,630円
30個 4,840円

添加7種有效成分，用於應對內痔問題的肛門注入軟膏。搭配抑制疼痛感、出血和發炎症狀成分，使用起來帶有舒緩的清涼感，能緩解內痔所造成的劇烈疼痛及突發性出血。

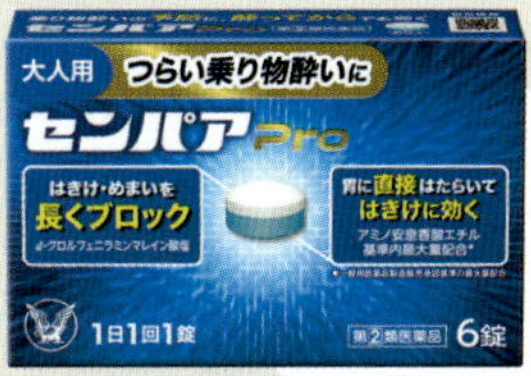

指定
第 2 類
医薬品

SEMPER
センパア Pro

大正製薬

6錠 880円

大正製藥暈車藥的加強長效版。一口氣添加5種有效成分，其中穩定自律神經、阻斷嘔吐中樞刺激與抑制胃部過度蠕動的成分，都是OTC最高劑量。對於容易暈車、暈船、暈機的成年人來說，可說是防止動暈症打亂旅遊計畫的祕密武器。

第 2 類
医薬品

Travelmin
トラベルミン チュロップぶどう味

エーザイ

6錠 521円

5歲以上就能服用的暈車藥。帶有淡淡葡萄香甜味的喉糖劑型，大大提升孩童的服藥接受度。一般建議搭乘交通工具前半小時服用，但出現症狀後再服用，也能有助於舒緩不適症狀。若覺得藥效已過，間隔超過4小時可再服用。

第 2 類
医薬品

ZENA
ゼナキング活精

大正製薬

50mL 2,420円

大正製藥營養補充飲品牌「ZENA」的頂級豪華版本。包括珍稀中藥材鹿茸、肉蓯蓉、淫羊藿以及巴西榥榥木等共17種滋養原料，不只是疲勞的時候，更適合在需要體力時補充飲用。

還原型CoQ10

存在於所有細胞之中，細胞活動的必需物質！

這就是元氣的根源！

維持人體活動所需的能量，是由每個細胞當中的線粒體所製造。對於人體能量工廠線粒體而言，最不可或缺的原料成分就是「還原型CoQ10」。這是一種存在於所有細胞裡頭，並且能在線粒體當中發揮作用，輸送氧氣、營養至全身的重要輔酶。

人體內部所需的能量，是利用飲食中所攝取的「營養素」和經由呼吸進入體內的「氧氣」所製造。在產生能量的過程中，「還原型CoQ10」可說是非常重要的成分。人體在產生能量的同時，也會產出能促使人體氧化的活性氧。而「還原型CoQ10」，則具備了去除活性氧的作用。換言之，能夠同時協助人體產生能量，並且去除活性氧的「還原型CoQ10」，是人體維持生命活動的必需成分。

在各項研究當中，發現原本作為缺血性心疾患用藥的「CoQ10」，對於改善疲勞、睡眠、壓力、口腔護理和認知機能等狀況都具有正面幫助。目前在全球35個國家當中，共發展出450種以上的機能性表示食品或保養品。

「氧化型CoQ10」與「還原型CoQ10」的差異？

一般來說，「CoQ10」通常會與氧氣產生反應而氧化，因此又可稱為「氧化型CoQ10」；相對來說，「還原型CoQ10」則是不會氧化，又能在人體內直接發揮作用的優秀成分。

氧化型CoQ10

如同蘋果切開後會變色一般，「氧化型CoQ10」會與氧氣產生反應而後氧化。換言之，「氧化型CoQ10」在人體內必須先被轉換成「還原型CoQ10」，方能為人體所利用，因此需要一段時間才能真正產生效果。在體感方面，則是因人而異。

還原型CoQ10

原本就存在於人體當中並發揮作用的「CoQ10」，其實就和「還原型CoQ10」屬於相同狀態。也正因為如此，攝取「還原型CoQ10」，便能直接對人體發揮作用，並且快速產生效果。研究後更發現，每個人的使用體感，差異不會太大。

わたしのチカラ®エナジー
同時應對疲勞、睡眠、壓力3大困擾
「還原型CoQ10」機能性表示食品

日本人睡眠時間短，這是眾所皆知的事實，因此又有「睡眠負債國」之稱。有項數據指出，日本近幾年在新冠疫情影響下，有睡眠相關困擾的人數持續增加，甚至有高達八成的日本人，都深受睡眠問題所苦。

在疫情期間，日本國內主打「緩解壓力」及「輔助睡眠」等機能的食品・飲品市場，規模亦持續擴大。

經日本臨床實驗發現，「還原型CoQ10」對於有暫時性壓力的民眾而言，具備「提升睡眠品質*」、「減輕起床時的疲勞感」以及「減輕暫時性壓力」等3項輔助機能。

實驗結果顯示，在攝取2個月的「還原型CoQ10」之後，受驗者「壓力度」、「睡眠品質」與「疲勞感」等3項指數都有正面改善。

*註：提升睡眠品質意指「熟睡」、「深眠」以及「睡眠不中斷」。

■攝取量：還原型CoQ10 100mg/每日
■攝取期間：8週
■實驗對象：24名自覺有暫時性壓力問題的健康成年男女(VSA 70分以上)。

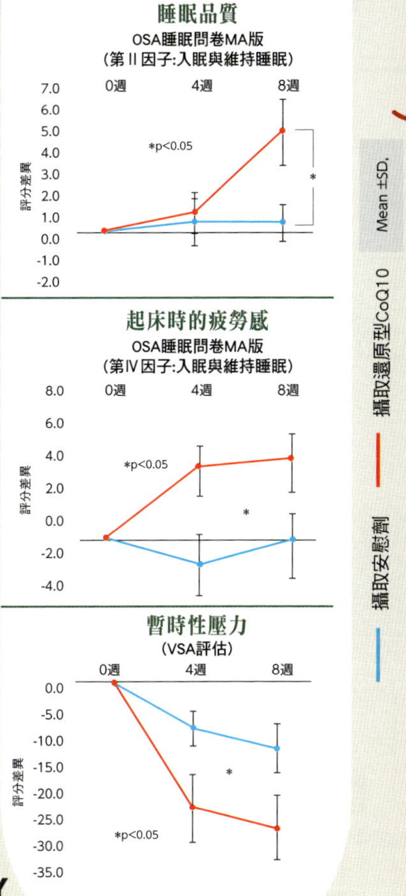

Kaneka
わたしのチカラ® ENERGY
還元型コエンザイム Q10

カネカユアヘルスケア

30粒 3,800円

「還原型CoQ10」原廠產品，目前只在日本官網販售。

為維持肌膚健康的滋潤度，首要條件就是不斷產生健康的新細胞。根據研究結果顯示，一般健康女性在口服攝取還原型CoQ10之後，不僅對肌膚的新陳代謝有所助益，更能增加皮膚表皮的角質水分含量。

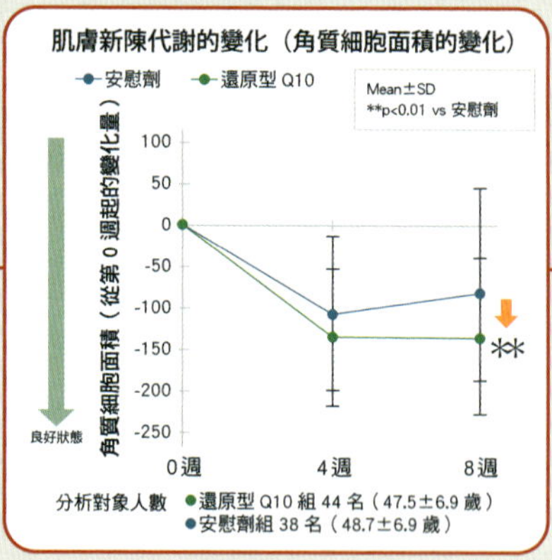

實驗方法

《受試者》
自認肌膚狀態不佳※的健康日本女性85名

還原型CoQ10組 47.5±6.9歲
安慰劑組 48.3±7.2歲（平均值±標準偏差）

※肌膚狀態不佳：乾燥等因素引起的乾荒、鬆弛感以及細紋等肌膚老化與肌膚新陳代謝紊亂之問題。

《實驗食品》
連續攝取8週
還原型CoQ10（100mg／日）或安慰劑

《實驗標的》
肌膚新陳代謝、肌膚含水量等

實驗結果

肌膚新陳代謝（角質細胞樣本面積的評價）

還原型CoQ10組在攝取8週之後，其角質細胞面積相較於安慰劑組而言，明顯有效改善縮小。

※圖表為平均值±標準偏差。

（實驗參考Morikawa H et, JpnPharmacolTher: 2023;51(4):551-62）

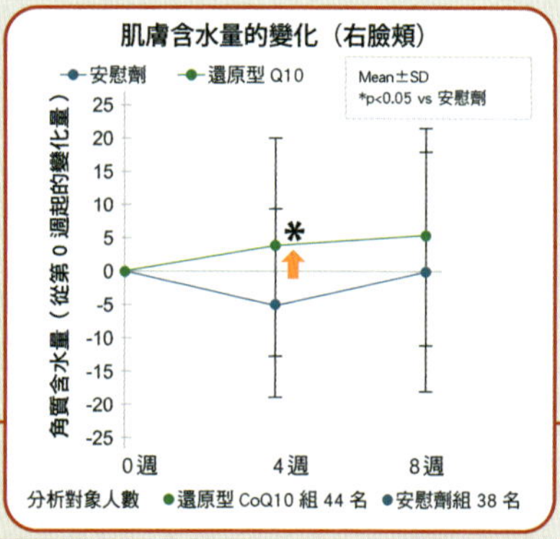

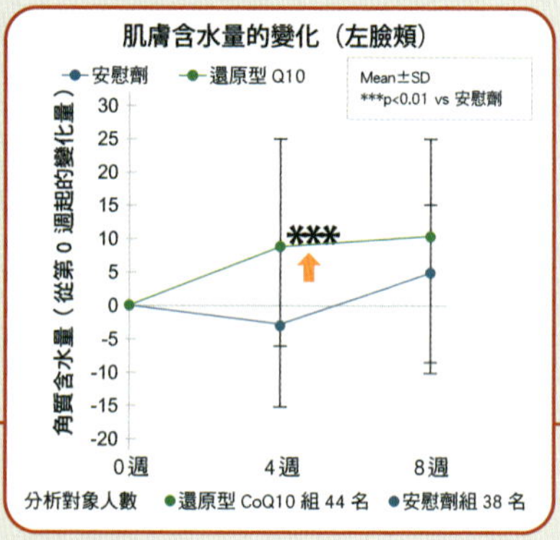

實驗方法

《受試者》
自認肌膚狀態不佳※的健康日本女性85名

還原型CoQ10組 47.5±6.9歲
安慰劑組 48.3±7.2歲（平均值±標準偏差）

※肌膚狀態不佳：乾燥等因素引起的乾荒、鬆弛感以及細紋等肌膚老化與肌膚新陳代謝紊亂之問題。

《實驗食品》
連續攝取8週
還原型CoQ10（100mg／日）或安慰劑

《實驗標的》
肌膚新陳代謝、肌膚含水量等

實驗結果

肌膚含水量（利用皮膚水分測量儀進行測定）

還原型CoQ10組相較於安慰劑組而言，左右臉頰在4週後、左小腿及右腳背在8週後的肌膚含水量均有明顯改善。

※圖表為平均值±標準偏差。

（實驗參考Morikawa H et, JpnPharmacolTher: 2023;51(4):551-62）

調節肌膚新陳代謝力！

～還原型CoQ10的美肌効果～

Kaneka
わたしのチカラ®
「カネカ Q10® 果実グミ」

カネカ食品

40g 214円

『わたしのチカラ®Kaneka Q10®果實軟糖』
兼顧改善肌膚水潤度與減輕心理壓力
全新型態的還原型輔酶Q10機能性表示食品登場！

還原型輔酶Q10添加量為100mg的機能性表示食品。能夠輔助人體由內向外變美的還原型輔酶Q10，可對「肌膚狀態」和「心理壓力」發揮改善作用。香濃果汁製作的軟糖中，包裹著香甜滑順的果凍。採用鮮嫩多汁的日本國產白桃製作，吃起來帶有新鮮的香甜感，非常適合在工作或家務空閒時來上一顆轉換心情。對於「感到肌膚乾燥」和「容易感到壓力」的人而言，可說是隨時隨地都能攝取的日常保養食品。

【認證項目】機能性表示認證編號：J7
本產品含有還原型輔酶Q10。根據研究報告顯示，還原型輔酶Q10能幫助健康女性維持肌膚水潤度，同時對於短期內感到壓力者，亦具備減輕暫時性心理壓力的作用。

https://www.kaneka.co.jp/q10kajitsu-gumi（軟糖產品官網）
https://www.amazon.co.jp/dp/B0DNQDPGRF?th=1（軟糖購物網站）
日本7-11亦銷售其他口味（部分門市除外）

Kaneka
わたしのチカラ®
BEAUTIFLY®

カネカユアヘルスケア

33g(550mg×60粒) 4,900円

『わたしのチカラ®BEAUTYFLY® 』
不只維持肌膚水潤度
還能保護肌膚不受紫外線刺激
添加還原型輔酶Q10的全新機能性表示食品登場！

每2粒當中就含有100mg的還原型輔酶Q10、6mg的蝦青素以及100mg的維生素C。伴隨著年齡增長，這些嚴選素材都是能輔助人體由內向外變美的重要元素。

【認證項目】機能性表示認證編號：I988
本產品含有還原型輔酶Q10與蝦青素。根據研究報告顯示，還原型輔酶Q10能幫助健康女性維持肌膚水潤度。此外，具抗氧化機能的蝦青素能發揮保護肌膚不受紫外線刺激、保護肌膚不會因為照射紫外線而乾燥、同時維持肌膚水潤等機能。

https://www.kaneka-yhc.co.jp（品牌官網）

アスガール(Asu Girl)

黃金比例調合九種胺基酸
日本超夯的宿醉剋星

去過日本旅遊的你，應該有注意到日本街頭隨處可見的居酒屋。甚至經常看到有人坐在店家戶外座位區，與三五好友小酌幾杯。

你可能也曾注意到，日本有著獨特的上班族應酬文化和飲酒習慣。在這樣獨特的日本文化背景下，解酒護肝的相關健康輔助食品也應運而生。

在日本的藥妝店、超市或超商的酒類陳列櫃附近，經常可以看到預防宿醉的解酒產品。對於許多不得已應酬，或是想和朋友狂歡卻酒量差的人來說，這類產品可說是派對必備的護身符。

日本市面上的宿醉預防輔助食品種類繁多，在選擇上通常都是依照自身體感或是親朋好友的口碑推薦為主。近期有一款來自九州福岡，名為「アスガール（Asu Girl）」的解酒產品，因為服用效果快又明顯，所以又被稱為宿醉剋星。

Asu Girl的誕生

有一位名叫幸田八州雄的典型日本上班族，因為工作關係，幾乎每晚都必須陪客戶應酬。

在日本的應酬文化中，喝到賓主盡歡可說是基本禮儀。

幸田先生經常喝得醉醺醺，甚至完全不記得自己是怎麼回到家的。

隔天卻仍然得拖著宿醉疲憊的身體繼續上班。

深感不能再這樣傷害身體的幸田先生，於是自己鑽研解酒配方，以胺基酸為主，調配出「神祕的白色粉末」，並且隨身攜帶分送給熟識的媽媽桑和酒保們。

沒想到無心插柳成蔭，試吃過的人無不對那「白色粉末」的抗宿醉神效感到驚豔。

於是幸田先生花費4年的時間，經過50次以上的試作，終於完成了搶手熱賣的宿醉剋星「アスガール（Asu Girl）」。

Asu Girl的三大特色

嚴選素材

黃金比例調合
9種胺基酸

包括能夠分解酒精的「丙胺酸」在內，以絕佳的黃金比例調合9種胺基酸，以及能夠提升活力與消除疲勞的維生素B群和檸檬酸。

速攻效果

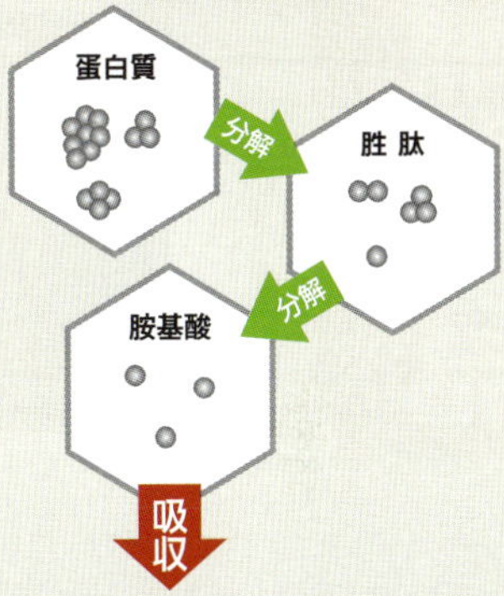

透過食物攝取胺基酸時，通常需要從蛋白質消化分解成胜肽，接著再消化分解一次才能成為胺基酸而受人體吸收。**由於Asu Girl本身就是可直接受人體吸收的胺基酸，所以能更加快速地發揮效果。**

來源安心

胺基酸皆來自令人感到安心的日本國產原料。營造清爽口感的甜味劑，也是採用來自天然素材的「還原麥芽糖」與甜菊。

Asu Girl
アスガール顆粒

株式会社コウダプロ

4g 324円

推薦給經常需要應酬喝酒或是想預防宿醉的人。入口即化的清爽萊姆風味，不須搭配開水也能夠隨時服用。服用方法並沒有特別規定，但通常建議應酬前服用一包，應酬完之後再補充一至二包。

健康輔助食品

美容保養

SHISEIDO アルティミューン™
プロバイオティクスパウダー

資生堂

2.2g×30包 6,480円

資生堂神級精華紅妍超導循環肌活露的最新成員，研發概念來自日本傳統的發酵飲食文化，主張由內展現美肌力的美容輔助食品。每一包當中，含有10億個以上的比菲德氏菌BB-12™，能通過胃酸考驗直達腸道調節腸道環境。搭配印度傳統醫學中的青春之果「餘甘子」，以及資生堂獨家的藍莓成分。吃起來帶有微甜的莓果味，入口即化的顆粒劑型，直接單吃或加入優格、果昔當中增添風味也很適合。

美 チョコラ
コラーゲン プレミアム

エーザイ

140粒 3,434円

每日建議攝取量5粒當中，可補充1,000毫克的小分子膠原蛋白胜肽，同時還能攝取維生素C、維生素B群、鐵質及乳酸菌等九種提升美肌力與腸道順暢的營養素。相較於單純的膠原蛋白錠，可以一口氣補足各種維持美肌所需成分。

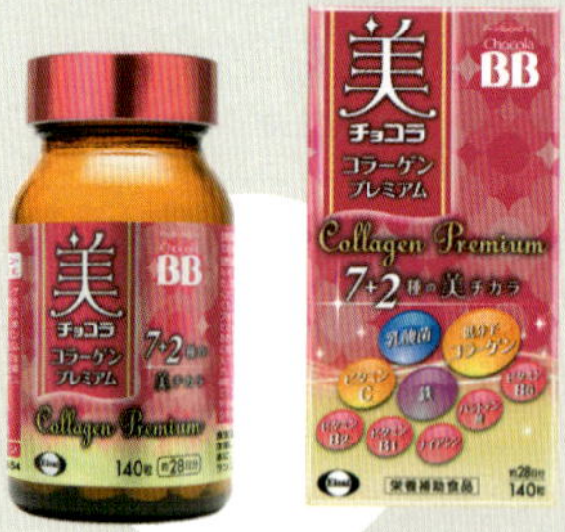

DHC
コラーゲン 30日分

DHC

180粒 813円 / 1日6粒

不少人會到日本藥妝店大量補貨的超平價膠原蛋白錠。每日建議攝取量6粒當中，含有2,050毫克的魚膠原蛋白胜肽。由於價格相當親民，所以特別適合預算有限的小資族，或是作為攝取膠原蛋白的入門款。

DHC
エラスチン
弾んでリフト
30日分

DHC

60粒 2,650円 / 1日2粒

主成分是「鰹魚彈力蛋白胜肽」，訴求輔助提升肌膚彈力與肌膚健康度的機能性表示食品。經研究發現，鰹魚彈力蛋白胜肽在受人體分解吸收後，具備活化真皮纖維母細胞，並藉此促進彈力蛋白產生的特性。對於想要維持肌膚彈力的人來說，是值得期待的新選擇。（機能性表示食品）

DHC
なめらか ハトムギ
plus 30日分

DHC

120粒 1,645円 / 1日4粒

魚膠原蛋白胜肽作為基礎，搭配薏苡萃取物、胎盤素、玻尿酸、彈力蛋白胜肽和神經醯胺。結合眾多主流的人氣美肌成分，能同時滿足水潤、彈力、清透及細緻等多種保養需求，堪稱是懶美人必備的綜合美肌補充品！

ALFE
コラーゲンパウダー

大正製薬

30包 2,678円

不需水即可直接服用的膠原蛋白顆粒，一包即可同時攝取膠原蛋白、鐵質與維生素C。添加國產桃子果汁，風味香甜，無膠原蛋白特有的氣味，呈現水蜜桃口感。分包設計方便攜帶。

頂奢抗齡保養

What is NMN

NMN的全名是「β-菸醯胺單核苷酸」（Nicotinamide Mononucleotide），是人體新陳代謝輔因子「NAD+（菸鹼醯胺腺嘌呤二核苷酸）」的前驅物。近年來，在抗老化保養中被視為相當重要且珍貴的成分。隨著年齡增長，人體內的NAD+濃度會不斷降低，進而引發各種老化現象。因此，能輔助NAD+濃度提升的NMN，普遍被認為具備促進細胞健康與提升活力等作用。除此之外，NMN對於改善睡眠品質也具有相當不錯的體感。

阿部養庵堂薬品 具有壓倒性含量的 NMN

創業將近300年的阿部養庵堂薬品，堪稱是日本NMN的研究先驅。當NMN在日本尚屬於醫療處方用藥的時代，阿部養庵堂薬品就已經著手研究NMN在健康輔助食品上的安全性與效果。在累積多年研究後，便將數據提交給日本厚生勞動省，並成功推動法令修正。在這樣的背景之下，日本於2020年率先全球，將NMN改列為食品。正因為如此，擁有多年研究經驗的阿部養庵堂薬品，堪稱是日本NMN的研究先驅專家。

養庵堂
NMN 90000

¥ 30包 127,440円

NMN專家阿部養庵堂薬品旗下最為豪華的版本。每一包當中所含的NMN為3,000毫克，整盒總量高達90,000毫克。綜觀整個日本的健康輔助食品業界，如此高濃度的頂奢產品極為罕見。不須搭配開水就能服用的顆粒劑型，吃起來帶有清爽的檸檬風味，是兼顧體感與口感的頂級型高含量NMN。

養庵堂
NMN 18000 Beauty

¥ 120粒 28,080円

阿部養庵堂薬品所推出的NMN美容強化版本。NMN一個月總量為18,000毫克，平均每日攝取量600毫克是行業極高水準。加上還有珍貴燕窩、鳳梨萃取神經醯胺、L-半胱胺酸與華拔等。對於想同時提升肌膚水潤度與亮澤感的人來說，是兼具抗齡與美容的頂奢選擇。

FRACORA 日本胎盤素專家

FRACORA
Body Line Non Celula

FRACORA

¥ 120粒 15,000円

聚焦於肌膚鬆弛缺乏平順感的抗橘皮美體膠囊。主成分是來自南法不腐香瓜的「SOD（超氧化物歧化酶）」，可發揮優秀的去自由基作用，藉此提升防止肌膚老化的效果。同時搭配岩藻糖輔助調節腸道環境，由內向外發揮美肌體感。適合隨著年齡增長，身體膚觸開始出現令人在意的變化，但卻又不喜歡運動或美體SPA的人。

營養補充

DHC ビタミンCパウダー

DHC

1.6g×30包 345円

每一包當中含有1,500毫克的維生素C。分條包裝方便好攜帶，不須搭配開水且入口即化的粉末劑型，超適合吞嚥能力差的小朋友與高齡者，和不喜歡吞服錠劑、膠囊的人。口味是清爽的檸檬風味。

DHC 亜鉛

DHC

30粒 288円 / 1日1粒

許多人認為鋅是主攻男性健康的營養元素，但卻在新冠疫情下因為其能輔助維持味覺正常、修復皮膚黏膜及提升免疫力等機能而廣受重視，成為無論男女都會加強補充的礦物質。

DHC ビタミンD

DHC

30粒 308円 / 1日1粒

大眾對於維生素D的印象，通常是促進骨骼健康。不過在這場百年大疫影響下，卻因為能夠輔助強化免疫力而備受注目。對於平時日曬機會較少的人來說，很適合拿來補充日常生活中不足的維生素D_3。

DHC 持続型ビオチン

DHC

30粒 388円 / 1日1粒

「生物素」又稱為維生素B_7，不只與皮膚和黏膜健康有關，在髮絲健康上也扮演著相當重要的角色。對於容易掉髮或是指甲脆弱的人而言，很適合透過補充生物素的方式，來提升髮絲與指甲的強韌度。

數值管理

FUJIFILM
メタバリア

富士フイルム

180粒 5,184円 / 1日6粒

富士軟片熱賣的體重管理錠，在2024年推出全新改版。除原有的醣類吸收阻斷成分「五層龍」以及與脂肪代謝有關的「兒茶素EGCG」之外，這次改版則是新增能提升燃燒力的「6-姜酮酚」。在產品定位上，相當適合BMI偏高者用於改善腹部脂肪堆積和體重過重等現代人常見的代謝問題。（機能性表示食品）

DHC
カロリーポン

DHC

90粒 2,300円 / 1日3粒

同時添加來自毗黎勒果實的「沒食子酸」和萃取自大花紫薇的「科羅索酸」。這兩種成分被認為具備干擾人體吸收糖分及脂肪的功效，因此適合喜歡吃澱粉、甜點及炸物的人。除此之外，還搭配黑薑萃取物，能在抑制吸收的同時，發揮強化代謝的作用。（機能性表示食品）

DHC
ウエスト気になる

DHC

60粒 2,376円 / 1日2粒

訴求能夠輔助降低體脂肪、三酸甘油脂、體重以及腰圍數值的機能性表示食品。主成分鞣花酸是廣為人知的抗氧化及美白成分，但其實在代謝症候群上的改善表現也備受關注。因此在日本，鞣花酸成為新一代的體重管理關注成分。（機能性表示食品）

Livita
グルコケア
粉末スティック濃い茶

大正製薬

5.6g×30包 3,024円 / 1日3包

添加難消化性糊精，適用於飯後血糖值偏高問題的綠茶粉。偏濃茶口感，在色、香、味的表現上都相當棒，感覺就像是現沖綠茶一般地順口香醇。無論是熱泡冷沖都能迅速溶解，非常適合搭配三餐一同飲用。（機能性表示食品）

Livita
プレミアムケア 粉末スティック

大正製薬

6.6g×30包 3,434円 / 1日1包

可同時調節偏高血壓、飯後血糖、飯後三酸甘油脂與腸道狀態，是日本藥妝店當中功能性最多的機能性表示食品。香濃回甘的綠茶基底，是來自於靜岡綠茶老店「佐藤茶」的綠茶粉，在飲用口感上可說是極為講究。（機能性表示食品）

Livita
ファットケア スティックカフェモカ・ブレンド

大正製薬

3.5g×30包 3,024円 / 1日3包

專為腰間贅肉和體脂肪問題所開發的摩卡風味咖啡粉。利用咖啡豆甘露寡醣能包覆並排出脂肪的特性，只要隨餐搭配一杯飲用，就能輔助人體避免吸收過多脂肪。熱沖冷泡皆美味，喝起來不苦澀，帶有一股舒服的甘甜味。（機能性表示食品）

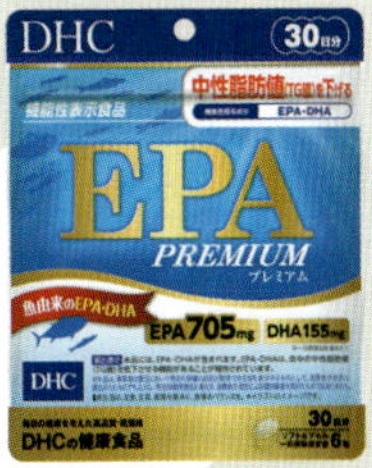

DHC
EPA プレミアム 30日分

DHC

180粒 2,380円 / 1日6粒

每日建議攝取量6粒軟膠囊當中，就含有705毫克的EPA與155毫克的DHA。這些來自於魚類的OMEGA-3脂肪酸，被認為能夠有效降低血液中的三酸甘油脂，因此成為日本眾多心血管健康輔助食品的重要成分。對於不喜歡吃魚的人來說，是相當不錯的攝取來源。相較於歐美的魚油產品，軟膠囊本身體積縮小許多，在吞服上變得更加簡單。（機能性表示食品）

YAMAKAN
コレステブロッカー

山本漢方製薬

60粒 1,944円

用來對付壞膽固醇氧化的話題新品。主要成分為橄欖中的羥基酪醇，具有相當優秀的抗氧化能力，可透過抑制壞膽固醇氧化的方式，達到控制壞膽固醇之目的。對於步入中年又經常外食的人來說，是相當值得參考的健康輔助幫手。（機能性表示食品）

機能強化

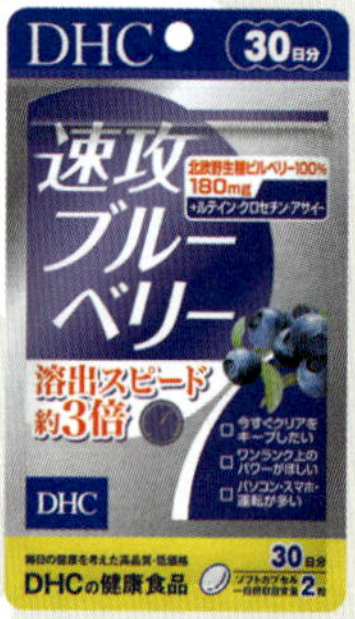

DHC
速攻ブルーベリー 30日分

DHC

60粒1,458円 / 1日2粒

近期社群討論聲量極高，DHC熱銷藍莓護眼膠囊的強化版。相較於基礎版本，護眼成分發揮作用的效率高出3倍。每日建議攝取的2顆軟膠囊當中，花青素含量居然等同於540顆藍莓。除此之外，還搭配葉黃素、β-胡蘿蔔素以及茄紅素等多種護眼抗氧化成分，是不少用眼過度族群的必備保健品。

森下仁丹
ビフィーナ EX

森下仁丹

30包 5,400円 / 1日1包

將比菲德氏菌包裹在獨家技術晶球中，能保護益生菌不受胃酸破壞而直達腸道發揮作用。每包當中含有100億個比菲德氏龍根菌，且速溶顆粒入口即化，晶球本身也是容易吞服的小體積。非常適合覺得最近不是很順暢的人拿來執行體內環保。（機能性表示食品）

FUJIFILM
ヒザテクト

富士フイルム

120粒 4,980円 / 1日4粒

專為膝蓋健康與活動順暢度所研發的全新概念機能性表示食品。結合AKBA、橄欖羥基酪醇與鮭魚鼻軟骨蛋白聚醣等獨家輔助成分，不僅能保護原有的關節軟骨，還能輔助產生軟骨成分。對於開始覺得膝蓋活動出現違和感，想維持走路或上下樓梯順暢度的人來說，是個可以參考的新選擇。（機能性表示食品）

DHC
コツプレミアム CBP 30日分

DHC

30粒 1,543円 / 1日1粒

主成分是近年來備受注目，容易被人體吸收的CBP濃縮乳清活性蛋白。CBP不僅能夠幫助骨骼吸收鈣質，還能同時提升骨密度與防止鈣質流失。每一錠當中所含的CBP含量等同於40公升的牛乳，特別適合中高齡族群用來強化骨骼健康。

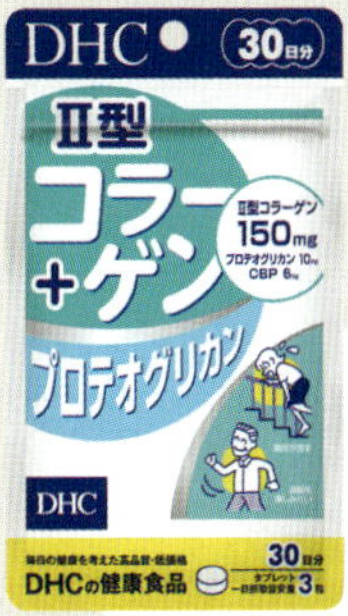

DHC
II 型コラーゲン + プロテオグリカン 30 日分

DHC

90粒 2,366円 / 1日3粒

結合「非變性二型膠原蛋白」（UC-II）和「鮭魚鼻軟骨蛋白聚醣」（PCT II）這兩種近年來相當熱門的筋骨活動輔助成分。相當適合上下樓梯感到吃力，或是經常運動的人來維持活動順暢。不只是筋骨機能退化的高齡者，其實年過三十之後，也很需要提前好好保養自己。

DHC
美 HATSUGA 30 日分

DHC

60粒 1,987円 / 1日2粒

不只是男性，其實也有不少女性深受髮量日益變少所困擾。這款聚焦於調節毛髮生長循環的輔助食品，主成分豌豆苗萃取物AnaGain™是一種用於刺激毛髮生長，以及抑制毛髮脫落的天然素材。對於在意髮量或秀髮健康的人而言，是個值得參考的補充品。

DHC
ボリュームトップ 30 日分

DHC

180粒 3,291円 / 1日6粒

添加二氫睪酮、高麗人蔘及短舌匹菊等14種複合成分，全面聚焦甲狀腺、荷爾蒙、血液循環、肝腎等機能與營養素均衡狀態的「髮量系輔助食品」。不只是中高年男性，其實年輕男性，甚至是女性也都適合用來維持原有的髮量感。

DHC
大豆イソフラボン エクオール 30 日分

DHC

30粒 3,996円 / 1日1粒

每日建議攝取量1粒當中，就含有10毫克來自大豆異黃酮的S-雌馬酚。特別適合熟齡世代的女性，透過適度的補充，來應對更年期所帶來的各種不適感。尤其是對於不喜歡大豆相關製品的女性來說，可說是簡單又方便的保健品。

CHAPTER 6

日本美粧保養

RiceMade+卸妝系列

發想來自古人的潔顏智慧
日本釀酒老廠的美妝新挑戰

擁有366年歷史的日本酒老廠「菊正宗」，自2012年跨界推出日本酒化妝水之後，就以保養界黑馬之姿，迅速在保養品市場崛起，顛覆了世人對傳統日本酒的認知。不僅限於日本酒保養系列，連採用釀酒原料——白米製成的RiceMade+卸妝系列，也成為近期日本保養界聲量極高的夢幻逸品。

白米不只是日本人最重要的主食，其實白米富含維生素、胺基酸以及神經醯胺等美肌成分。自古以來，日本人就有使用洗米水潔淨臉部肌膚的習慣。作為釀酒老廠的菊正宗便以古人的智慧為靈感來源，額外添加維生素C、胺基酸、神經醯胺及多種日本植物萃取美肌成分，開發出旨在打造清透素顏美肌的RiceMade+卸妝系列。

適合喜歡清爽卸妝感的你

RiceMade+
クレンジングローション

菊正宗酒造

500mL 1,375円

只要搭配化妝棉即可擦拭使用，採用100%植物萃取潔膚成分的卸妝水。簡單一擦就能同時完成卸妝、潔顏、角質調理和化妝水保養等四個步驟。擦拭後不需要額外洗淨，就能隨時隨地確實潔淨臉部。

適合卸妝後想要保有潤澤感的你

RiceMade+
マイルドクレンジングオイル

菊正宗酒造

200mL 1,485円

基底為米糠油及米胚芽油等富含油酸、親膚性佳的12種植萃油成分。不只能夠簡單卸除防水彩妝和防曬，還能輕鬆潔淨毛孔髒汙和粉刺。帶有舒服的自然草本柑橘香調，雙手沾濕也能使用，適合在浴室裡仔細按摩肌膚與卸妝。

卸妝

卸妝乳

KANEBO
メロウ オフ ヴェイル

カネボウインターナショナルDiv.

160g 6,600円

質地極為輕盈滑順，宛如籠罩在肌膚上的面紗一般，輕輕一抹就能確實吸附並去除臉上的彩妝與髒汙，實現充滿水潤澄澈感的無瑕肌。搭配多種精華液等級的保濕潤澤成分，讓卸妝也成為奢華保養的一道步驟。

卸妝水

SISI
アイムユアヒーロー エンリッチ

SISI

230mL 3,980円

從卸妝到抗齡保養，只需要30秒就能簡單完成的精華卸妝水！潔淨成分採用來自義大利的初榨橄欖油，不僅能快速卸除彩妝與多餘皮脂，還能潤澤肌膚防乾燥。同時添加菸鹼醯胺與補骨脂酚等兩大話題抗衰老修復成分，再搭配令人不禁想深呼吸的森林木質調香氛，是兼具實用性與高質感的卸妝水新作。

卸妝油

DHC
薬用ディープクレンジングオイル リニューブライト

DHC

200mL 2,724円

基底採用DHC的招牌橄欖油，再搭配4種能夠潔淨與提升肌膚淨透感植萃油成分的深層卸妝油。不只防水彩妝與防曬，連老廢角質堆積和氧化等因素造成的肌膚暗沉問題，都能同時一掃而淨的卸妝油。（医薬部外品）

卸妝

卸妝油

毛穴撫子
お米のクレンジングオイル

石澤研究所

145mL 2,420円

同時添加包括米糠油在內的4種日本國產米美肌成分的卸妝油。雖說是卸妝油，質地卻非常水感輕盈，完全沒有卸妝油常見的黏膩感，在肌膚上塗抹時非常滑順，因此不會出現拉扯感。不僅卸妝表現佳，用水沖淨後的肌膚滋潤度也相當棒，非常適合乾燥肌使用。

卸妝乳

Curél
潤浸保湿
乳液ケアメイク落とし

花王

200mL 1,650円

專為乾燥敏感肌所開發的100%乳液配方卸妝乳。乳液質地相當濃密滑順，很適合搭配化妝棉，在回家時就立即拭去臉上的髒汙。乳液當中添加體積僅有毛孔千分之一的神經醯胺保養潤澤油成分，能在卸除彩妝與毛孔髒汙的同時，滋潤並安撫不穩的乾燥敏感肌。（医薬部外品）

卸妝油

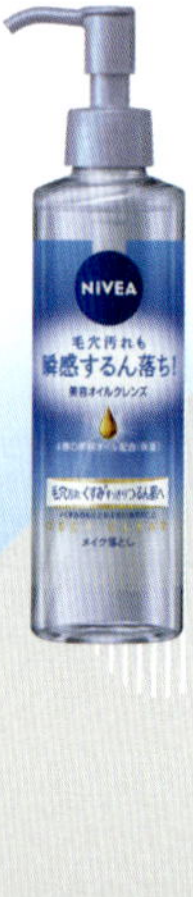

NIVEA
ニベア美容オイルクレンズ
ディープクリア

ニベア花王

195mL 1,430円

專門用來對付毛孔髒汙的深層卸妝油。搭配4種植萃油成分，雙手沾濕也能使用。不需要過度搓揉，只要指腹輕輕滑過，不只是難卸的彩妝，還能帶走毛孔髒汙以及造成肌膚顯得暗沉的老廢角質。

卸妝油

Bioré

The クレンズ オイルメイク落とし

花王

190mL 1,408円

2023年一上市就引爆話題，至今依舊熱賣到翻的卸妝油。顛覆過往卸妝油的使用概念，不須打圈按摩，只要敷在臉上就能讓彩妝層浮起。接著只要用水沖淨，就能像摘下面具一般，簡單輕鬆地卸除防水彩妝及防曬品。

卸妝油

softymo

毛穴小町 酵素クレンジングオイル

コーセーコスメポート

150mL 1,430円

搭配活酵素，強化潔淨毛孔髒汙與分解皮脂機能的卸妝油。不僅如此，還結合米糠油、維生素E、CICA以及角鯊烷，可在活酵素潔淨毛孔後進行潤澤調理。用水沖淨後，會在肌膚表面形成一道潤澤膜，因此也特別適合卸妝後會覺得肌膚緊繃的人。

卸妝凝膠

Bioré

おうち de エステ メイク落とし マッサージ ブラックジェル

花王

200g 1,078円

對於卡在毛孔裡的彩妝，再也不必擔心無計可施！搭配潔淨炭成分的深層卸妝配方，可讓黑色的卸妝凝膠深入毛孔，將卡在裡頭的彩妝與髒汙通通趕出來。由於手濕也能用，相當推薦在有水蒸氣的浴室裡使用。

潔顏

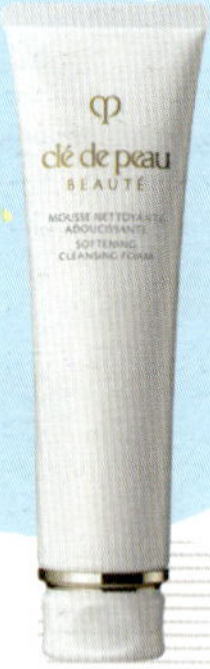

Clé de Peau Beauté
ムース
ネトワイアントA n

資生堂

140g 6,930円

來自日本頂奢保養品牌「肌膚之鑰」，追求極致潤澤與柔嫩細緻泡泡的高智能潔顏乳。胺基酸潔淨成分搭配天然保濕成分「銀耳」，能發揮絕妙的保濕效果，再搭配具備抗氧功能的「覆盆子萃取物」，可充分提升潔顏後的肌膚潤澤度。從潔顏觸感到香氛表現，每個細節都是極具儀式感的奢華保養第零步。

SHISEIDO FUTURE SOLUTION LX
エクストラ リッチ
クレンジングフォーム

資生堂インターナショナル

134g 6,600円

添加資生堂極上御藏系列凍齡科技，蘊含珍稀「延命草精萃」與「福島山櫻花精萃」的頂奢潔顏乳。帶有彈性與黏性的豐盈泡泡，能輕柔包覆肌膚每個角落。宛如絲綢般，觸感極為滑順細緻，不須搓揉就可優雅帶走臉部髒汙。對於容易出油顯黏膩的T字部位，也很推薦先搓出綿密的泡泡後厚敷一層，接著輕輕畫圈發揮強化清潔與調理毛孔的作用。

IPSA
ルミナイジング
クレイ ex

イプサ

100g 4,730円

號稱是日本保養界首創的乾濕兩用角質霜。添加深層礦物海泥、乙基玻尿酸鈉，再搭配海洋友善礦物微粒，可有效對付頑固角質。乾用可去除老廢角質與清潔毛孔，適合強化容易出油的T字部位清潔。濕用則能搭配按摩的方式，針對臉頰等U字部位，強化促進循環以及保濕滋潤等保養需求。

KANEBO
スクラビング
マッド ウォッシュ

カネボウインターナショナルDiv.

130g 2,750円

想要徹底清潔全臉肌膚的人，絕對不能錯過的礦泥潔顏乳。添加大量摩洛哥熔岩礦泥和崩解性磨砂顆粒的醇厚膏體，能在吸附肌膚表面多餘皮脂的同時，深層清潔毛孔及老廢角質。除日常潔顏之外，也推薦每週一次作為泥膜，先敷在T字部位或容易出油部位約30秒，再以一般洗臉的方式潔淨臉部肌膚。

潔顏

Cleansing Research
薬用ウォッシュクレンジング AC

BCL

120g 1,100円

專屬痘痘肌，不含微粒磨砂，只靠洗臉就能去除老廢角質的潔顏乳。針對痘痘成因與痘痘不穩肌的特性，添加殺菌與抗發炎兩種藥用成分，獨有的PHA角質護理成分，很適合深受痘痘肌困擾的人拿來做日常角質調理。維生素C輔助提亮肌膚及痘痘的暗沉，再搭配多種安撫與保濕成分，即便具備出色的潔淨與去角質效果，洗完後的肌膚也不會顯得緊繃。（医薬部外品）

NIVEA
ニベアクリアビューティー 2WAY 美容洗顔

ニベア花王

120g 968円

專為毛孔髒汙問題所開發的「洗・敷」兩用潔顏乳。添加礦物泥潔淨成分與潤澤保濕成分，能在幫助毛孔暢快呼吸的同時，維持優秀的保濕力。不僅能夠每天像一般洗面乳一般，加水搓出泡泡潔淨全臉，也能每週1~2次厚敷於T字部等容易出油的部位，強化柔化角質與深層潔淨皮脂。

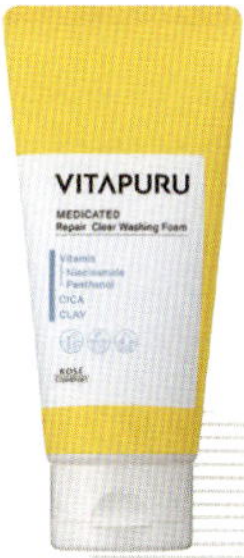

VITAPURU
リペア クリア ウォッシングフォーム

コーセーコスメポート

130g 715円

採低刺激配方，強化毛孔調理與痘痘肌護理的潔顏乳。灰黑色的潔面乳當中，含有酵素與礦泥成分，能發揮絕佳的皮脂吸附和清潔作用。再搭配甘草酸二鉀，與多種維生素和美肌成分，能在洗後維持肌膚水潤穩定。（医薬部外品）

Bioré
おうち de エステ 肌をなめらかにする マッサージ 洗顔ジェル

花王

150g 704円

採用花王獨家洗淨技術，只要輕輕繞圈按摩30秒，就能全面潔淨臉上的液態、泥狀以及固態等多種型態的皮脂。對於黑頭粉刺與毛孔髒汙總是感到棘手的人，絕對值得入手嘗試，讓每天洗臉就像在做SPA一樣！

suisai beauty clear
パウダーウォッシュ

カネボウ化粧品

在日本連續熱銷近20年，不只是日本人愛用，就連外國旅客到了日本藥妝店也都會大量掃貨的酵素洗顏粉。添加2種酵素與胺基酸潔淨成分，清潔毛孔髒汙的表現極為出色。除不定期推出的季節素材或是聯名限定版本外，目前日本藥妝店普遍可見的定番款有白色基本款、黑色去油款和金色滋潤款等三種。

N
白色基本款

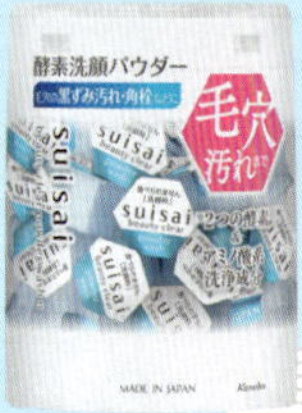

32個 1,980円

經典長銷的日本酵素洗顏粉代名詞。即便潔淨力表現優秀，洗後卻不會覺得肌膚緊繃，是選擇洗顏粉時的基本入門款。

ブラック
黑色去油款

32個 1,980円

除系列共通的酵素與胺基酸潔淨成分外，還添加炭粉及摩洛哥熔岩礦泥，能強化潔淨容易泛油光的T字部位。

ゴールド
金色滋潤款

32個 2,420円

額外添加葵花籽油與酪梨油，大幅提升洗完臉後的滋潤感。相當適合想強化毛孔清潔，卻又擔心潔淨力過強的乾燥肌。

suisai beauty clear
ピーリング パウダーウォッシュ

カネボウ化粧品

32包 2,750円

日本長銷酵素洗顏「suisai」品牌在2024年推出的碳酸泡洗顏新品。粉末加水後，會產生極細微的碳酸泡。利用碳酸泡不斷破裂與產生過程中伴隨的震動，發揮優秀的潔淨力與按摩力，不只是毛孔髒汙與老廢角質，就連頑固的角栓也會招架不住。

Wafood Made
宇治抹茶酵素洗顏

pdc

30包 1,320円

結合抹茶微粒與分解酵素，可確實潔淨毛孔髒汙與粉刺的潔顏粉。加水搓出的淡綠色泡泡中，同時添加木瓜酵素與脂肪分解酵素，再搭配宇治抹茶所磨製的微粒，不僅可以分解多餘皮脂，還比一般酵素洗顏粉多了強化洗淨的磨砂效果。

SOFINA iP
ポア クリアリング ジェル ウォッシュ

花王

30g 1,980円

近期日本藥妝店熱賣，專門用來對付黑頭粉刺的神兵利器。將那漆黑且高密著度的凝膠塗抹在粉刺肆虐的部位，並且繞圈按摩約30秒後用水沖淨，就能體會到毛孔大口呼吸的感覺！只要每週使用1~2次，就能由內瓦解鼻頭的頑固粉刺。

DHC
ブラック ホイップ ウォッシュ

DHC

120g 1,850円

強化毛孔深層潔淨力的潔顏碳酸泡。添加髒汙吸附力表現優秀的黑炭與沖繩海泥，再搭配能緊密包覆肌膚的碳酸泡，可以確實吸附並潔淨毛孔髒汙與氧化皮脂。在保濕與收斂成分輔助下，洗完臉後不會過於乾澀緊繃，同時還能緊緻粗大毛孔。

AMPULE SHOT
バブルエステ 炭酸洗顏フォーム

ボトルワークス

160g 1,518円

維生素C結合小蘇打的毛孔潔淨強化型碳酸潔顏泡。宛如棉花糖般具有厚度與彈力的碳酸泡，能夠深入毛孔吸附並且潔淨髒汙與黑頭粉刺。在碳酸促進血液循環的SPA效果下，潔淨後的肌膚看起來會更顯透亮且紅潤。搭配毛孔收斂及調理成分，相當推薦毛孔粗大的油性肌使用。

Bioré
ザフェイス 泡洗顏料

花王

200mL 825円

只要輕輕按壓，就能擠出宛如生奶油般濃密有彈力的泡泡。即便是碰到肌膚上的皮脂，也不會一下子就消失。在濃密泡泡的幫助下，不需要搓揉，只透過按壓的方式，就能簡單潔淨臉部肌膚。使用感溫和且能保留肌膚原有屏障機能，因此就連嬰兒或敏弱肌也能使用。

ディープモイスト
深層保濕型

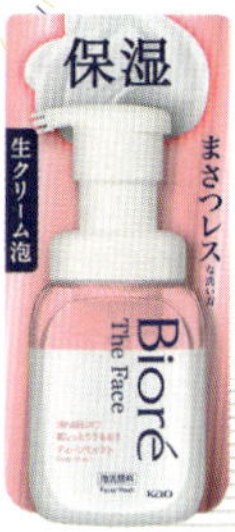

モイスト
混合肌型

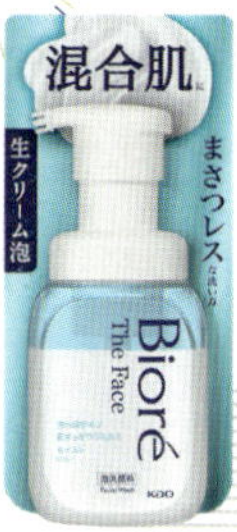

オイルコントロール
控油型

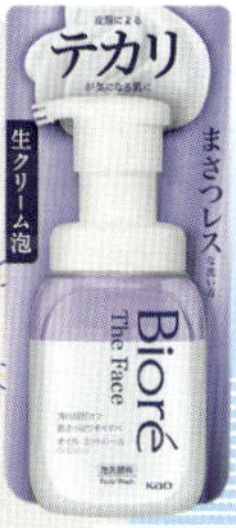

スムースクリア
毛孔潔淨型

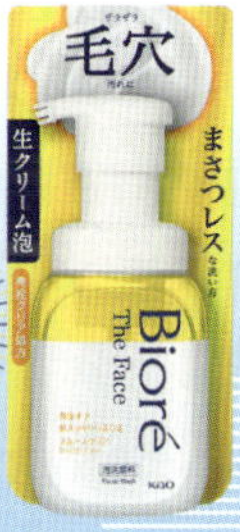

アクネケア
痘痘肌保養型

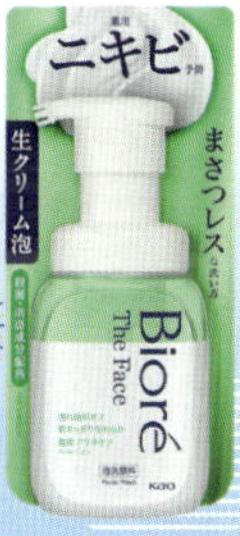

Clé de Peau Beauté
肌膚之鑰

宛如鑰匙般解鎖肌膚智能原力
導出肌膚自身的知性之美

誕生於1982年的肌膚之鑰，品牌名稱「Clé de Peau Beauté」源自於法文，意為「一把美麗肌膚的鎖鑰」。集結資生堂整個集團的肌膚保養科技大成，奢華嚴選全球各地的珍稀成分，致力於喚醒肌膚與生俱來分辨好壞刺激的能力，讓肌膚的紋理、色澤、輪廓皆能散發出光采並維持完美狀態。

Clé de Peau Beauté
ル・セラムII

¥ 50mL 29,700円

堪稱是肌膚之鑰品牌門面的頂級修復精華，在2024年秋季推出全新升級版。質地極為輕透，能夠秒速滲透，同時發揮超能修復力與超強防禦力。對於想要接觸頂級保養品牌的人來說，絕對是值得入手的第一瓶修復型精華。（医薬部外品）

Clé de Peau Beauté
セラム コンサントレ エクレルシサンn

¥ 40mL 17,600円

美白成分採用資生堂獨家的4MSK與m-傳明酸，質地宛如雲朵般絲滑柔順的美白精華液。搭配獨家珠寶級成分，能強化肌膚防禦力，深層呵護因為紫外線或乾燥而受損的肌膚。珍稀蘭花與天然玫瑰精粹而成的香氛，更是體現品牌優雅形象的重要元素之一。（医薬部外品）

Clé de Peau Beauté
セラムリッサーリッズS

¥ 20g 33,000円

結合資生堂獨家「高純度維生素Ａ」及先進美容科技，質地相當濃密且體感奢華的抗皺逆齡菁萃。搭配多種保濕與柔化肌膚狀態的美肌成分，不僅是眼周及唇周的增齡紋路，對於頸紋也有著不錯的改善表現。（医薬部外品）

Clé de Peau Beauté
(水) ローションイドロA n
(乳) エマルションアンタンシヴn

¥ (水)170mL 13,200円 / (乳)125mL 15,950円

肌膚之鑰品牌中最為經典，補水潤澤機能極為出色的水乳組。化妝水的即時補水機能優秀，能瞬時調理肌膚乾燥與粗糙問題，使肌膚的觸覺與視覺都顯得更為柔嫩與光滑。另一方面，滋潤力極強的精華乳，則能在夜間睡眠期間，幫助肌膚減緩白天紫外線對肌膚造成的傷害，同時也能淡化明顯的細紋。搭配資生堂獨家的淨白成分4MSK，在肌膚亮白的效果上也有著優秀表現。（医薬部外品）

THE GINZA 御銀座

承襲時尚審美與感性的精神 成就量體裁衣般的完美肌膚

誕生於2002年的THE GINZA，堪稱以時尚產業的核心精神，從肌膚感知力為出發點，宛如量身訂製的華服一般，實現獨一無二的極致膚質。品牌核心成分「御銀座感知複合臻粹™」※，雖然極簡卻無可取代，能像量身裁製般地滿足各種膚質，讓肌膚呈現出最完美的狀態。

※THE GINZA PERCEPTIVE COMPLEX EX™ (ROSA ROXBURGHIIFRUIT EXTRACT, SODIUM CARBOXYMETHYL BETA-GLUCAN,POLYQUATERNIUM-51, GINKGO BILOBA LEAF EXTRACT,GLYCERIN)

THE GINZA 御銀座 **Hybrid Gel Oil P**

ザ・ギンザ

100mL 28,600円

質地極為清爽滑順的水凝膠狀按摩油，在接觸肌膚的瞬間，會輕柔化開並賦予肌膚滿滿的潤澤感。帶有清新優雅的菩提花香氛，搭配按摩手法促進血液循環，能讓肌膚與心靈都顯得更加有活力，實現絲綢般滑嫩的光澤肌。適合在保養的第一道程序使用，提升後續保養的滲透力。

THE GINZA 御銀座 **Moisturizing Lotion P**

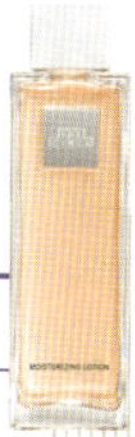

ザ・ギンザ

200mL 20,900円

從包裝設計、成分組成到香氛表現，都徹底體現頂奢氛圍的化妝水。「御銀座感知複合臻粹™」（保濕、整肌）能察覺肌膚狀態，讓水潤深入角質層的每一處，滋養肌膚紋理，打造健康美肌的高功能化妝水。

THE GINZA 御銀座 **Moisturizing Emulsion P**

ザ・ギンザ

150g 23,100円

從包裝設計到香氛表現，Moisturizing Emulsion P完美詮釋頂奢之美。獨家「御銀座感知複合臻粹™」，能感知肌膚需求，深入滋潤角質，展現水潤、緊緻與彈力的卓越效果。乳液質地豐盈，卻吸收迅速，使用感清爽無黏膩感。優雅沉穩的菩提樹香氣，為每日保養注入愉悅與奢華，締造極致護膚享受，讓肌膚由內而外散發柔嫩光澤。

THE GINZA 御銀座 **Essence Empowering P**

ザ・ギンザ

(日)45mL+(夜)45mL / 220,000円

號稱充滿夢想的一滴，只要六星期就能讓肌膚光蘊覺醒，實現豐盈煥亮的肌膚。在日本護膚品界，宛如天花板一般難以突破的存在。具備高機能密集修復力，更能滿足保濕、抗齡、淡斑等保養需求。日用精華具有SPF25・PA+++的防曬係數，搭配迷迭香與柑橘精油香氛，能使人精神煥發；夜用精華質地較潤澤，搭配薰衣草與鼠尾草調香，具備安撫沉靜的作用。（医薬部外品）

化妝水、乳液

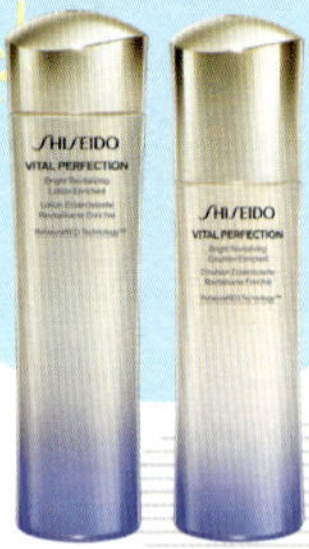

抗齡

SHISEIDO
VITAL PERFECTION
ブライトリバイタル

資生堂インターナショナル

(水)ローション エンリッチド　150mL 9,900円
(乳)エマルジョン エンリッチド　100mL 11,000円

以啟動肌膚能量網為核心概念，號稱7天就能有感打造緊透水光肌的發光水乳組。採用超珍稀緋紅花緊緻活萃，搭配資生堂獨家美白成分4MSK。聚焦於提升美肌成分高效輸送肌底，實現雕塑輪廓、淡化紋路以及水潤透亮等多種熟齡肌最在意的保養需求。（醫藥部外品）

保濕

BENEFIQUE
ベネフィーク

資生堂

(水)ローション Ⅰ・Ⅱ・Ⅲ　各200mL 4,950円
(乳)エマルジョン C・Ⅰ・Ⅱ　各150mL 6,050円

訴求令人忘記毛孔存在，實現無縫隙細緻美肌的高保濕水乳組。採用紅棗、高麗人蔘和桂皮等「大地美容成分」作為基底，提升肌膚的水潤與細緻度。搭配多種能夠提升肌膚屏障機能、豐潤飽滿和修復成分，以及資生堂獨家的美白成分m-傳明酸，能在實現細緻肌膚紋理的同時，從肌底提升肌膚清透度。另一個特色，就是採用橙香元素，打造出具備療癒感的森林花果香。從清爽到濃密，化妝水及乳液都有三種不同的質地可以選擇。（醫藥部外品）

保濕

Bb lab.
ビービーラボ

ビービーラボラトリーズ

(水)プラセンテン　150mL 5,115円
(乳)プラセンミルクエッセンス　30mL 4,400円

日本國產胎盤素結合多種植萃保濕潤澤成分的水乳保養組合。化妝水當中的胎盤素含量高達10%，另外搭配7種美肌成分，質地偏向清爽，容易滲透肌膚。精華乳液則是以改善角質層健康度為出發點，添加多種能夠抵禦外來刺激的潤澤成分，相當適合容易泛紅或是膚紋粗糙紊亂的敏感肌和不穩肌族群。

美白

ASTALIFT
アスタリフト

富士フイルム

(水)ホワイト アドバンスドローション　130mL 4,180円
(霜)ホワイト アドバンスドクリーム　30g 5,500円

訴求斬斷所有潛藏於角質、表皮與真皮的暗沉連鎖，並可打造彈潤清透肌的輕熟齡美白保養系列。同時聚焦於抗醣化、抗氧化、抗紫外線以及抗角質紊亂，驅逐肌膚每一層的暗沉因子，讓肌膚找回前所未有的清透感。不僅如此，還搭配奈米化蝦青素與三重膠原蛋白，能發揮優秀的抗氧化與保濕作用。另一方面，結合傳明酸和甘草酸二鉀，能同時美白並安撫不穩肌。（醫藥部外品）

美白

雪肌精
雪肌精

コーセー

(水)薬用雪肌精 ブライトニング エッセンス ローション
200mL 3,850円 / 350mL 5,940円
(乳)薬用雪肌精 ブライトニング エマルジョン
140mL 4,180円

日本和漢保養經典「雪肌精」在品牌誕生40年時，推出前所未有的機能進化版本。這次最大的改版重點，在於添加具備美白機能性的「W-甘草酸硬脂酯」，搭配高濃度薏仁萃取液以及多種和漢草本成分，打造出可同時美白、防乾燥並實現清透美肌的新經典。質地依舊像是雪花接觸體溫時一般地快速融解滲透，持續發揮滿滿的潤澤感與透白力。（医薬部外品）

保濕＋美白＋抗齡

DERMAAID
ダーマエイド

pdc

(水)トリプルアクティブローション
150mL 2,200円
(霜)トリプルアクティブクリーム
50g 2,200円

日本首創，同時結合菸鹼醯胺、傳明酸和泛醇三種有效成分，可同時滿足美白、撫紋、抗乾荒等三大增齡保養困擾的醫美概念保養新品牌。化妝水本身搭配油性成分，但使用起來卻清爽不黏膩且滲透快，能兼具清爽與潤澤的使用體感；乳霜則是搭配兩種植萃油成分，質地相當濃密，能在肌膚表面形成潤澤膜。（医薬部外品）

保濕

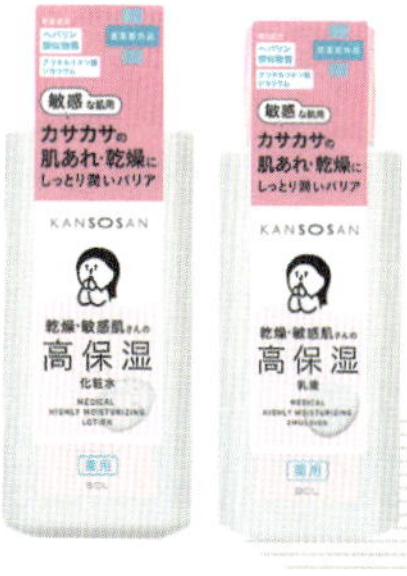

KANSOSAN
乾燥さん

BCL

(水)薬用高保湿化粧水 230mL 1,870円
(乳)薬用高保湿乳液 180mL 1,870円

乾燥小姐是專為乾燥敏感肌所開發的薬用高保濕水乳系列。主成分是能夠安撫乾荒不穩肌的類肝素與甘草酸二鉀，再用維生素E衍生物膠囊包覆維生素B_6衍生物，同時搭配多種乾燥護理成分，發揮出色的潤澤保濕效果。對於肌膚總是乾到掉粉或有刺痛感的乾燥敏感肌和痘痘不穩肌，很適合拿來提升肌膚屏障機能。（医薬部外品）

抗齡

Pure Natural Premium
リフティング

pdc

(水)エッセンスローション 150mL 1,540円
(霜)クリームエッセンス 60g 1,540円

2024年秋季問世的全新日本開架抗齡保養系列。基礎成分是品牌共通的4種神經醯胺、3種玻尿酸與胺基酸，抗齡成分則是採用熱門撫紋成分菸鹼醯胺及兩種A醇。兼具化妝水和乳液機能的化妝水重視油水平衡，質地略帶稠度，但滲透力表現依舊出色；乳與霜機能合一的精華霜，則是質地清爽好推，但推展後能在肌膚表面形成一道長時間發揮機能的潤澤膜。（医薬部外品）

化妝水、化妝液

保濕

KANEBO
スキン ハーモナイザー

カネボウインターナショナルDiv.

180mL 5,500円

能夠吸附不良皮脂，抹除肌膚黏膩感，同時間對付粗糙乾燥膚況等複雜肌膚問題的攻防型化妝水。98：2的平衡水油比例，能同時實現清爽與潤澤肌膚的矛盾需求。化妝水本身為分層結構，因此使用之前需要徹底搖勻。

保濕

DECORTÉ
薬用 マイクロバーム ローション

コーセー

250mL 5,280円

黛珂在2024年所推出的新概念單品，主打任何人、任何膚質都適用的低敏感高保濕化妝液。兼具化妝水的滲透力與乳液乳霜的潤澤力，能在肌膚表面形成膚觸絲滑不黏膩的潤澤膜層。對於保養新手而言，是一款能夠簡單上手的入門單品。即便是來自高端品牌黛珂，但活潑的包裝設計與產品特性，倒是吸引不少年輕世代的目光。（医薬部外品）

保濕

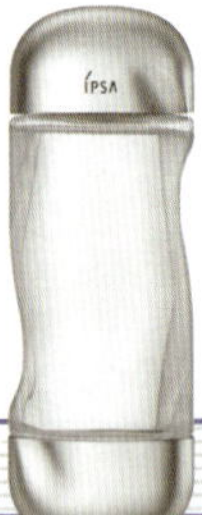

IPSA
ザ・タイム R アクア

イプサ

200mL 4,730円

自2014年上市以來，瓶身宛如流水般帶有曲線的流金水，早就是日本化妝水界極具代表性的經典。添加獨家保濕成分「Aqua PresenterⅢ」，能在肌膚表面形成一道鎖水層，即便質地清爽如水，也能發揮優秀的保濕補水力，同時對付乾燥引起的皮脂過度分泌問題。（医薬部外品）

抗齡

IPSA
エッセンスローション アルティメイト

イプサ

150mL 9,900円

宛如黑玉般散發出沉穩光芒的黑金水，是IPSA繼流金水之後，於2024年推出的最新力作。嚴選素有修復力王者之稱的「南非極境重生復活草」作為主成分，號稱只要14天就能喚醒肌膚的膠原工廠開工，從根源解決粗糙、乾燥、細紋、暗沉以及失彈等五大老化危肌警訊。

毛孔調理

AMPULE SHOT

モイスチャーライジングスキントリートメントローション

ボトルワークス

300mL 1,320円

維生素C衍生物結合多種潤澤保濕成分，重視肌膚內部循環與健康度的毛孔調理型化妝水。質地清爽能迅速滲透角質底層，並且可同時調理毛孔、緊緻膚紋，使肌膚變得柔軟。特別適合內乾型肌膚用來濕敷集中保養，改善乾燥引起的毛孔粗大問題。

毛孔調理

毛穴フォーカス VC

VC3 ローション

pdc

200mL 1,320円

同時添加速攻型、安定型和滲透型等三種分子大小不同的維生素C，強化毛孔保養訴求的高保濕化妝水。類別完整的維生素C，搭配具備能夠安撫不穩肌的CICA和甘草酸二鉀，可說是相當獨特的成分組合。特別適合乾燥引起的毛孔粗大問題使用，而且搭配化妝棉擦拭或是濕敷也都OK！

角質調理

IPSA

リファイニングローション e

イプサ

146mL 8,250円

粗糙與乾燥會使得角質層硬化，很容易造成美肌成分不易滲透而讓保養成效大打折扣。針對這樣的問題，IPSA採用能夠柔化僵硬角質的胺基酸，搭配獨家保濕調理成分，在2024年初夏推出這瓶逆齡角質發光精露。只要簡單擦拭，就能趕走乾燥粗糙的僵硬角質。

角質調理

BENEFIQUE

リセットクリア N

資生堂

200mL 4,400円

利用集中、浮起、溶解等步驟，以淨化肌膚毛孔為概念所開發的擦拭型化妝水。略帶稠度的凝露狀，能溫柔去除老廢角質與氧化風險物質，搭配生薑萃取物提升代謝力。從成分特性來看，是相對聚焦於抵抗老廢角質氧化傷害以及肌膚循環代謝力的角質調理產品。

保濕

ASTALIFTMEN

モノム モイスチャライザー

富士フイルム

120mL 4,400円

專屬30世代輕熟齡男性，從包裝風格到保養訴求，都走極簡時尚風格的保濕液。男性刮鬍與日曬等日常習慣，都會造成肌膚防禦力的降低。針對這點，富士軟片以獨家奈米化技術結合兩種人型神經醯胺，再搭配四種抗炎安撫成分，藉此提升肌膚屏障機能，改善男性特有的慢性乾燥問題。質地略帶稠度，帶有清新有層次的草本花香，只要一罐就能簡單完成基礎保養。

高CP值大容量化妝水

抗齡

菊正宗
日本酒の化粧水 ハリつや保湿

菊正宗酒造

500mL 1,320円

無論是在日本或臺灣，菊正宗的日本酒化妝水都是回購率極高的開架保養品。在2022年所推出的抗齡保濕版本中，除系列共通的胺基酸、熊果素及胎盤素等保濕美白成分之外，還額外新增抗齡成分菸鹼醯胺。500mL的大容量，也很適合搭配化妝棉或面膜紙濕敷，是CP值極高的抗齡保濕化妝水。

抗齡

DERMANISTA by unlabel
薬用 R スキンコンディショナーローション

JPSLAB

500mL 1,980円

可同時滿足改善細紋、斑點對策以及打造彈潤光澤肌的大容量抗齡化妝水。獨家的超細微滲透型維生素A衍生物「VA118」能迅速滲透肌膚底層並且持續發揮效果。搭配美白撫紋成分「菸鹼醯胺」與15種潤澤保濕成分，非常適合輕熟齡拿來濕敷全臉，甚至是保養容易洩漏年齡的頸部與雙手。（医薬部外品）

美白

DERMANISTA by unlabel
薬用 V スキンコンディショナーローション

JPSLAB

500mL 1,650円

一罐能同時針對毛孔、斑點和痘痘發揮調理作用的攻守兼具機能型大容量化妝水。獨家的超細微滲透型維生素C衍生物「VC155」，具備相當優秀的滲透力與持續性。搭配美白成分「WHITE胎盤素」、消炎成分「甘草酸二鉀」以及14種具備保濕、潤澤與安撫作用的植萃成分，就連敏弱肌也能使用。（医薬部外品）

美白

透明白肌
ホワイトローション

石澤研究所

400mL 1,320円

質地相當清爽，主成分為「速攻型維生素C衍生物」，能快速滲透肌膚底層的美白化妝水。搭配使肌膚Q彈水潤的豆乳發酵液、植物性胎盤素與膠原蛋白，因此在保濕力的表現上也不俗。400毫升的大容量，不只能濕敷全臉，甚至擦在曬過太陽的雙手手臂或後頸部也不心疼！

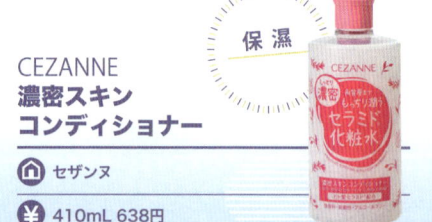

保濕

CEZANNE
濃密スキンコンディショナー

セザンヌ

410mL 638円

同時添加3種鎖水保濕成分「人型神經醯胺」，再搭配玻尿酸、膠原蛋白以及胺基酸等28種保濕美肌成分。單純訴求保濕性的大容量化妝水，很適合在保養臉部之後，順便幫手腳等全身部位也強化保濕。無酒精配方，極度乾荒敏感的膚質使用也不怕有刺激感。

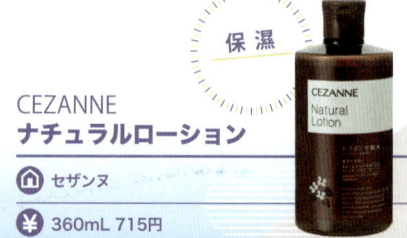

保濕

CEZANNE
ナチュラルローション

セザンヌ

360mL 715円

採用草藥之王的魚腥草，利用富含礦物質的天然水，從魚腥草的葉、花、莖等部位萃取出天然穩膚保濕成分，再搭配清新精油，質地清爽不黏膩，就連男性也適合使用的不穩肌專用化妝水。不只臉部與手腳，也很適合用來按摩頭皮，讓頭皮更加清爽與健康。

特殊保養

毛孔調理

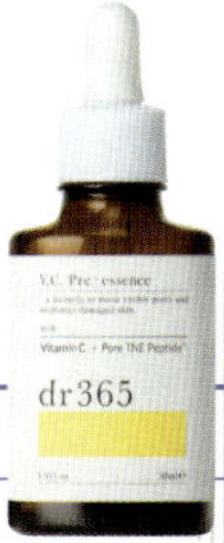

dr365
V.C. プレエッセンス N

dr365

30mL 5,335円

聚焦多種毛孔問題，同時添加3種維生素C衍生物的維生素C精華液。不只能夠改善皮脂分泌過多引起的毛孔阻塞，還能調理乾燥引起的下垂鬆弛毛孔，甚至能安撫不穩狀態中的發炎毛孔。額外添加1兆個奈米化神經醯胺，能發揮優秀的集中補水機能，一舉解決大人成因複雜的痘痘肌困擾。

ONE BY KOSÉ
クリアピール セラム

コーセー

120mL 3,850円

專門用來對付粉刺與老廢角質的擦拭型毛孔調理精華。添加5種角質調理及保濕成分，在徹底掃淨阻塞毛孔的髒汙同時，還能發揮優秀的保濕與毛孔調理效果。帶有濃密感的濃稠質地，需搭配化妝棉擦拭，但不會對肌膚造成過度摩擦負擔。

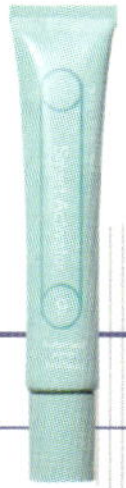

SISI
スマートアクティベーター

SISI

30g 2,970円

高濃度添加關注度極高的毛孔護理成分「杜鵑花酸」。在臺灣，許多皮膚科醫師也會使用杜鵑花酸來改善痘痘問題。搭配甘草酸二鉀與CICA，能同時發揮出色的抗炎與修復作用，很適合用於調理毛孔粗大、角質肥厚以及不穩定的痘痘肌問題。

AMPULE SHOT
モイスチャーライジング コンセントレート グロウ セラム

ボトルワークス

50mL 1,540円

添加三種高濃度維生素C衍生物，搭配滲透型玻尿酸、滲透型膠原蛋白與Q10的保濕強化型角質調理精華液。澄澈的精華凝露當中，含有滿滿的濃縮精華膠囊，能完美調理肌膚的水油平衡。不只保濕，更能調理毛孔並改善肌膚暗沉以及乾燥引起的膚紋紊亂問題。

毛穴フォーカス VC
VC3 エッセンス

pdc

20g 1,320円

同時添加速攻型、安定型與滲透型等三種作用特徵不同的維生素C，可在緊緻毛孔的同時，搭配其他保濕與安撫成分，幫助膚況變得膨潤，讓粗大毛孔較不顯眼。質地偏向濃密的凝膠狀，滲透力表現雖佳，卻能同時停留於肌膚表面持續發揮滋潤作用。

特殊保養

前導精華

ASTALIFT
ホワイト ジェリー アクアリスタ

富士フイルム

40g 11,000円 / 60g 14,300円

不只能為好膚質打好基底，還能同時滿足美白與彈力等多種保養需求，富士軟片經典記憶凝凍的美白版本。添加獨家的奈米化雙重神經醯胺、蝦青素以及茄紅素等鎖水抗氧化成分，還搭配美白成分熊果素。洗完臉後只要一罐，就能為後續保養完美打底。（醫藥部外品）

DECORTÉ
リポソーム アドバンスト リペアセラム

コーセー

75mL 16,500円

黛珂經典代表品項的保濕美容液。上市超過30年間不斷進化，仍然是廣受喜愛的明星商品。在近一次的升級改版中，技術更加進化，主打每一滴精華液當中都含有1兆個直徑僅有0.1微米的多重層微脂囊體。質地相當清透卻擁有出色的滲透力與保濕力，可同時應對乾燥、暗沉、毛孔粗大以及膚紋紊亂等問題。

BENEFIQUE
セラム

資生堂

50mL 11,000円

靈魂成分為漢方「紅棗」，融合桂皮、高麗人蔘、長命草、白藜蘆醇、明日葉等漢方草本成分，能發揮絕妙的修復保濕機能。質地是極為輕盈的凝膠型，塗抹瞬間就彷彿能滲透並滋潤肌膚，而一顆顆的紅玉微晶則會接連助攻，全面釋放美容成分至肌膚底層。獨特的森林果香調，可以同時安撫身心靈。

Bb lab.
水溶性プラセンタエキス原液

ビービーラボラトリーズ

30mL 9,900円 / 50mL 14,850円

堪稱是日本胎盤素原液精華先驅的Bb lab.，在2021年品牌革新時也對包裝設計進行改版。採用獨家的高濃度製法，從日本國產豬胎盤中萃取出富含胺基酸和礦物質的高濃度胎盤素原液。適合在洗完臉後的第一道保養程序使用，可以廣泛應對乾燥引起的細紋、毛孔粗大、膚色暗沉、彈力不足與膚紋紊亂等增齡所常見的肌膚保養需求。

YÓANDO
NMN 13 Serum

阿部養庵堂薬品

30mL 12,540円

日本第一瓶將NMN微脂囊體化的抗齡防衰前導精華液。額外搭配3種幹細胞培養液和7種胜肽等獨家配方，能夠幫助修復肌膚屏障、美白養膚，並具備優秀的保濕修護效果，是抗齡防衰的先驅。質地清透如水，滲透力極佳，非常適合在洗臉後作為第一道保養程序使用。

SOFINA iP
ベースケア セラム〈土台美容液〉

花王

90g 5,500円

日本碳酸前導精華的代名詞，在日本創下精華液市場連續8年銷售冠軍的不敗經典。細微碳酸泡體積僅有毛孔的1/20可深入角質層深處，因此能迅速滲透潤澤並活化肌膚循環。洗完臉後只要一個步驟，在為後續保養打好基礎的同時，還能讓肌膚顯得更加滋潤、細緻、柔嫩且有彈力、有光澤。

ONE BY KOSÉ
セラムヴェール ディープリペア

コーセー

60mL 5,500円

主成分為「精米效能淬取液NO.11」的保濕精華。自2017年上市以來，就一直是ONE BY KOSÉ的品牌代表。在2024年推出的第三代改版中，除了承襲原有保濕成分外，還新增能夠提升潤澤密度的「乙醯胺基酸」，讓整個保濕體感更上一個層次。特別適合在季節轉換，或是肌膚因為外在刺激而顯乾荒時，用來強化肌膚的潤澤度與防禦力。（医薬部外品）

Wafood Made
酒粕先行美容液 グロー

pdc

30mL 1,980円

採用熊本縣河津酒造「純米吟釀 花雪」的酒粕萃取物作為核心靈魂保濕成分的保濕前導精華。額外添加濃度5%的菸鹼醯胺、半乳糖酵母菌發酵過濾液，以及多種保濕潤澤成分。就開架導入精華來說，在保濕與透亮保養需求的表現上算是相當出色的新品。

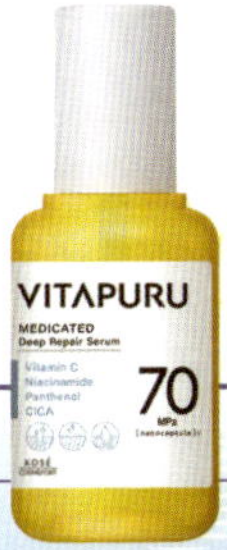

VITAPURU
ディープリペア セラム

コーセーコスメポート

40mL 1,980円

同時添加抗炎成分「甘草酸二鉀」和美白成分「高純度維生素C衍生物」，可同時發揮亮白、毛孔調理與痘痘護理的前導精華。搭配複合維生素與美肌成分，還能同時應對彈力不足、乾燥、暗沉、膚紋紊亂等多種肌膚困擾。（医薬部外品）

特殊保養

美白精華

SHISEIDO FUTURE SOLUTION LX
インテンシブ ファーミング ブリリアンスセラム

資生堂インターナショナル

50mL 31,900円

聚焦肌膚年輕關鍵「CCN2生長因子」，結合資生堂專利「長壽肌因凍齡科技」的美白抗齡精華。品牌獨家明星成分「珍稀延命草」，搭配多種來自日本各地的珍貴植萃精華，以及專利美白成分「4MSK」，能在由內向外潤澤肌膚的同時，提升肌膚的透亮與緊緻度，同時滿足亮白膚色與細紋、暗沉及鬆弛等熟齡肌最為重視的保養需求。（医薬部外品）

KANEBO
イルミネイティング セラムａ

カネボウインターナショナルDiv.

50mL 22,000円

專為乾燥而顯暗沉的肌膚所開發，透過潤澤作用來提升肌膚清透感的美白精華。採用洋甘菊ET作為美白成分，結合能夠促進肌膚代謝的「肉鹼」，再搭配獨家的光照植物複合保濕成分，為肌膚打造出健康的亮白環境。質地相當潤澤滑順，卻能清爽延展並包覆肌膚。（医薬部外品）

IPSA
ブライトニング セラム

イプサ

50mL 14,300円

主要美白成分為m-傳明酸及4MSK，搭配能讓膚色均一明亮的獨家成分「DM Optimizer」，使用起來相對清爽的美白精華液。除基本的美白保養，同時還是一瓶能夠提升肌膚清透度、角質透明度以及改善膚色偏黃問題的全面調理型美白精華。（医薬部外品）

DR.CI:LABO
377VC
ラディアンスセラム

ドクターシーラボ

18g 6,160円 / 28g 8,710円

說到DR.CI:LABO的美白保養，就不能不提到獨家的美白成分377。2024年春季推出的全新世代377VC美白精華中，同時添加W377、高滲透維生素C與膠原蛋白，搭配全新的「BV-3X　GLOW」獨家技術，能針對肌膚上的暗沉、膚色不均和彈力不足等問題進行強化保養。

ONE　BY　KOSÉ
メラノショット W

コーセー

40mL 5,830円

自2018年上市以來，就是日本藥妝店的暢銷美白精華之一。主要美白成分是高絲拿手的「麴酸」，能直擊產生黑色素的細胞，使其停留在無色階段而不向外擴散。質地輕透偏水感，但滲透迅速，能使因乾燥變硬的肌膚恢復柔軟細緻狀態。（医薬部外品）

TRANSINO®
薬用メラノシグナル
エッセンス

第一三共ヘルスケア

30g 4,500円 / 50g 6,300円

熱門美白錠品牌傳皙諾旗下的明星美白精華液。目前已經推出到第4代，可說是傳明酸精華開架市場上的搶手貨。採用奈米微脂囊體包覆傳明酸及保濕成分，在滲透力表現上相當優秀。不只是美白，在保濕上的體感也更加提升。（医薬部外品）

Yunth
生 VC 美白美容液

Yunth

1mL×28包 3,960円

完全不加任何一滴水，只有純度100%的維生素C搭配保濕成分的美白精華。考量到維生素C容易氧化的特性，因此採用單次用量的分包裝，讓每一次的保養都能在30秒的保鮮期內，確保高純度的美肌成分滲透至肌膚深層。建議在洗完臉後的第一道保養程序使用。

特殊保養

抗齡精華

ULTIMUNE™
パワライイジング
コンセントレート IIIn

資生堂インターナショナル

50mL 13,200円 / 75mL 17,600円

自2014年上市以來，在全球橫掃超過252個美妝大賞的神級小紅瓶保濕精華。每一滴當中，蘊含多達18種嚴選美肌成分，包括具備高保濕作用的日本赤靈芝與洛神花、可修復肌底的乳酸菌，及具抗氧化作用的維生素E。搭配獨創[The Lifeblood™]超導循環技術，號稱能透過改善肌底微循環與防禦力的方式，在3天內就能有感肌膚更顯健康、彈嫩與透亮。

KANEBO
フュージョニング
ソリューション

カネボウインターナショナルDiv.

60mL 14,300円

採用「促進滲透技術」，提升奈米化保濕成分滲透力，再搭配「阻隔滲透技術」，阻擋不良皮脂造成肌膚變得粗糙乾燥。在這兩項技術結合下，稱之為幸福肌膚塗膜技術，均勻服貼於凹凸不平的肌膚，實現忍不住想觸摸的滑順膚質。結合眾多精選植萃成分，能讓肌膚同時顯得光滑、細緻、亮澤且膚色均勻。

ELIXIR
ザ・セラム aa

資生堂

50mL 8,910円

資生堂膠原蛋白抗齡品牌ELIXIR相隔4年推出的全新高機能抗齡精華。膠原新肌光速精華聚焦於肌膚再生源頭的基底膜，獨家開發出能穩定表皮幹細胞、賦活第I及第V型膠原蛋白、快速增加肌膚玻尿酸含量的「新肌酮」，搭配專利2倍速導入乳化技術，能瞬間於肌膚表面形成層狀薄膜，並釋放抗齡保養成分，號稱15分鐘就能光速有感。（醫藥部外品）

ASTALIFT
ザ セラム
マルチチューン

富士フイルム

40mL 7,700円

只要一罐就能同時滿足撫紋、彈力及美白保養需求的多機能精華。富士軟片應用累積多年的奈米化技術，研發出含有咖啡因的滲透型多層微脂體，搭配抗齡美白成分「菸鹼醯胺」等美肌保養成分。獨特的凝凍狀質地，接觸肌膚時會瞬間化開而不黏膩，肌膚膨潤感的表現也相當突出。（醫藥部外品）

DHC
スーパーコラーゲンスプリーム

DHC

100mL 5,060円

DHC品牌底下最為熱銷的保濕精華。採用獨家成分「高濃度294超級胜肽」，即便質地清爽如化妝水一般，但卻能夠發揮強大的保濕效果。容量高達100毫升，在保濕精華液當中屬於少見的高CP值單品。

Bb lab.
プラセンリンクルブライトセラム

ビービーラボラトリーズ

34mL 7,700円

除品牌拿手的日本國產胎盤素之外，還同時搭配兼具改善細紋與亮白效果的菸鹼醯胺，以及可安撫肌膚發炎狀態的甘草酸二鉀。採用液晶乳化技術，能讓美肌成分更容易滲透至肌膚深層。只要一瓶，就能同時應對細紋、亮白、乾荒與乾燥等肌膚困擾。（医薬部外品）

菊正宗
日本酒の美容液 NA5

菊正宗酒造

150mL 2,090円

容量多達150mL，日本許多美容愛好者力推的高CP值日本酒保濕精華。在2023年的升級進化中，將12種胺基酸保濕成分含量提升兩倍，同時新增具備撫紋及亮白機能的菸鹼醯胺，讓原本單純的保濕精華蛻變成為兼具保濕、抗齡及美白機能的多機能精華液。

ROAliv
キープアシークレット

ROAliv

28mL 4,950円

利用酵母從檀木與蜂蜜萃取出具備保濕效果的發酵液，搭配植萃潤澤油以及包覆Q10的細微囊體與菸鹼醯胺等抗齡成分的抗齡保濕精華油。質地彷彿化妝水一般，卻具備著潤澤乾燥肌的優秀保濕力，可說是不分季節，全年都適合拿來對付乾燥、無彈力及細紋困擾的年齡肌。

DERMAAID
トリプルアクティブエッセンス

pdc

30mL 2,420円

同時結合菸鹼醯胺、傳明酸與泛醇等三種有效成分，可同時滿足美白、撫紋和抗乾荒三大增齡保養困擾。如此全方位的保養成分組合，在日本國內可說是首創，在開架保養界更是全新概念的創舉。添加兩種潤澤油成分，質地本身略微濃密，但使用感卻是相當水潤好滲透。（医薬部外品）

DHC
レチノ A エッセンス

DHC

5g 1,370円

自DHC創業初期就持續熱賣至今的維生素Ａ醇抗齡精華。搭配DHC的招牌橄欖油潤澤成分以及水溶性胎盤萃取物，能夠同時滿足撫紋、滋潤與亮白等眾多熟齡肌保養需求。考量到維生素Ａ醇容易受到日曬或氧化而變質，採用小容量的鋁製軟管包裝，每條大約是十天份用量。（医薬部外品）

乳霜

SHISEIDO FUTURE SOLUTION LX
トータル R クリーム

資生堂インターナショナル

50g 37,400円

集結資生堂40年的凍齡研究結晶，利用日本高野山珍稀延命草，喚醒肌膚年輕關鍵「CCN2生長因子」的頂奢晚霜。在2024年的升級改版中，富含修復能量與喚醒CCN2生長因子的珍稀延命草含量增加10倍之多！搭配頂級京都玉露，發揮優秀的抗氧化與抗老效果。質地極為豐盈滑順，不僅臉部，也能延伸保養容易暴露年齡的頸部。乳霜罐的上蓋，揉合千年精緻工藝「西陣織」，呈現出極致與典雅的日式美學。

IPSA
クリーム アルティメイト e

イプサ

30g 22,000円

IPSA品牌史上首款頂級抗齡乳霜，同時實現濃密包覆質地與優秀的滲透力。維生素A醋酸酯發揮淺層緊緻作用，肌醇＋梔子花萃取則是實現中層膨潤體感。獨家研發的AMINO 5 GL－MUS EX則是展現深層拉提，讓輪廓塑型更有感。除此之外，還搭配品牌拿手的4MSK，可兼顧亮白保養的需求。（医薬部外品）

ELIXIR
トータル V ファーミングクリーム

資生堂

50g 11,000円

集結資生堂40年的膠原蛋白研究結晶，以革命性的V型無重力技術所開發的抗齡保養乳霜。膠原緊V澎潤霜採用獨家創新成分，成為資生堂集團內首項能夠同時賦活肌膚內五種膠原蛋白的革創新品。號稱只要14天，緊緻、膨潤以及雙頰拉提等抗齡保養重點，都會有明顯的體感變化。

Bb lab.
プラセンエストラックス クリーム

ビーピーラボラトリーズ

30g 13,200円

主打胎盤素搭配炔雌醇和肌肽，專屬熟齡女性的抗齡保濕潤澤乳霜。質地相當濃密，輕輕推展之後就能在肌膚表面形成一道保濕膜層。不只能讓乾燥粗糙的熟齡肌散發出水潤的清透感，也能讓乾燥引起的小細紋看起來更加平順。

DR.CI:LABO
薬用アクアコラーゲンゲル エンリッチリンクルリペア

ドクターシーラボ

45g 7,150円 / 100g 13,970円
200g 19,580円

號稱能從真皮應對細紋問題的「全方位美肌」抗齡凝露。主要成分是近年人氣相當高的撫紋抗齡成分高純度維生素A與菸鹼醯胺。質地相當濃密潤澤，卻同時保有全效凝凍清爽不黏膩的特色。（医薬部外品）

DR.CI:LABO
アクアコラーゲンゲル BIHAKU スペシャル

ドクターシーラボ

50g 5,300円 / 200g 14,360円

DR.CI:LABO在2024年秋季推出的美白抗齡全效凝露。添加次世代胎盤素作為提升肌膚張力的抗齡成分。美白成分方面，除獨家的高濃度377之外，還新增全新的透白成分ONE BRIGHT。整體屬於肌膚吸附性相當高的濃密質地，但保濕表現依舊出色。

KANSOSAN
薬用高保湿クリーム

BCL

50g 1,980円

乾燥小姐的這款保濕乳霜，主成分為類肝素與甘草酸二鉀，能用來安撫乾荒不穩肌，同時提升肌膚屏障機能的薬用高保濕乳霜。質地濃密包覆力高，擁有不錯的密封潤澤力，對於乾到掉粉的乾燥敏感肌，能發揮相當不錯的潤澤力。（医薬部外品）

Saborino

顛覆世人保養觀的早安面膜 熱銷十年的懶人護膚救星

Saborino自2015年上市以來，已經獲得超過140項美妝榜冠軍殊榮，熱賣超過10億片，堪稱美妝界的奇蹟，徹底顛覆了大眾的保養觀念！過去，儘管每日使用面膜的習慣逐漸普及，大多數人仍然只會在睡前加強保養。而Saborino的出現，卻告訴大家：「嘿！從今天開始，就用面膜展開全新的一天吧！」 更讓人驚訝的是，這款面膜只需要短短一分鐘，就能完成洗臉和基礎保養的步驟。對於想多睡幾分鐘的人來說，這無疑是簡化早晨保養程序的懶人救星。

Saborino五大經典定番款

Saborino品牌在成立十周年之際，針對五大經典人氣定番款進行了升級改版。首先，採用全新的「水分滲透密封處方」，使面膜的保濕效果提升了120%。此外，搭配品牌獨創的油水平衡技術「22AG」，讓抗老保養在短短一分鐘內即可完成。最後，蘋果酸與杏仁酸的結合，顯著提升了擦拭時的潔顏力，讓肌膚在使用後更加潔淨。

早安滋潤型

Saborino
サボリーノ目ざまシート N

¥ 32片 1,540円

Saborino早安面膜的始祖級經典入門款。帶有清新的果調草本香，超適合用來喚醒還沒睡醒的肌膚！

早安清爽型

Saborino
サボリーノ目ざまシート 爽やか果実のすっきりタイプ N

¥ 32片 1,540円

使用感相對清爽，但依舊擁有優秀的保濕力。舒服的薄荷葡萄柚香，就宛如清新的晨間微風般宜人。

早安高保濕型

Saborino
サボリーノ目ざまシート 完熟果実高保湿 N

¥ 30片 1,540円

帶有香甜的綜合莓果香，質地濃密且潤澤力表現優秀，適合膚況偏乾時使用。

晚安彈潤高保濕型

夜用

Saborino
サボリーノお疲れさマスク N

¥ 30片 1,540円

強調保濕效果且不含酒精，特別適合忙碌一整天後感到疲憊，仍想快速保養的現代人。可當作睡前犒賞自己的晚安面膜，使用時散發著令人放鬆入睡的洋甘菊與橙花香氣。

早安植萃穩肌型

Saborino
サボリーノ目ざまシート ボタニカルタイプ N

¥ 30片 1,540円

滿滿的植萃保濕穩肌成分，搭配安撫身心的柑橘草本香，適合不聽話的乾荒肌或痘痘肌。（不含酒精、油性成分與22AG處方）

Saborino美肌成分強化系列

維生素保養系列

結合時下主流的「早C晚A」保養法，品牌推出了維生素C早安面膜與維生素A晚安面膜。這兩款面膜的共同成分包括水溶性膠原蛋白和玻尿酸等保濕成分，還有幫助調理角質的蘋果酸。美肌成分則是採用層狀液晶技術，能在肌膚表面形成滋潤保護膜，同時提升美肌成分的角質滲透效果，進一步改善肌膚乾燥缺水問題。

維生素C 早安面膜

Saborino
目ざまシートビタットC

30片 1,540円

添加4種能提升肌膚清透度與調理毛孔的維生素C，香味是清新柑橘香。

維生素A 晚安面膜

Saborino
お疲れさマスクビタットA

30片 1,540円

添加4種能潤澤肌膚，同時發揮抗齡作用的維生素A，香味是甜美莓果香。

薬用膠囊系列

結合基礎保養與特殊機能保養的薬用系列。依照美白、抗痘、撫紋等不同特殊保養需求，添加不同的薬用保養成分。洗完臉後只要敷上一片，就能ALL in ONE地簡單完成所有的保養步驟。

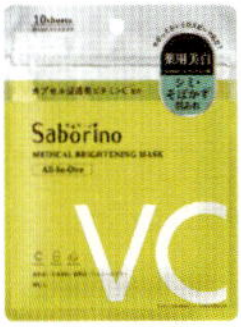

Saborino
薬用ひたっとマスク BR

10片 770円

滲透型維生素C搭配美白成分「傳明酸」，能針對黑斑、雀斑以及乾荒肌進行強化保養。

Saborino
薬用ひたっとマスク WR

10片 770円

結合抗齡亮白成分「菸鹼醯胺」與兩種能調理膚況的維生素B群，可用於強化保濕與安撫細紋。

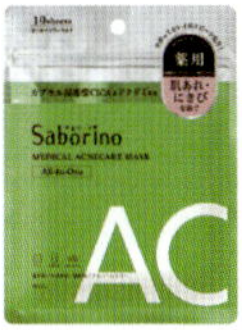

Saborino
薬用ひたっとマスク AC

10片 770円

添加抗發炎薬用「甘草酸二鉀」，搭配熱門修復安撫成分CICA和魚腥草，適合痘痘不穩肌使用。

MEGA-Shot系列

Saborino於2025年首發推出的全新巔峰之作。系列主打特色是早上一分鐘簡單煥亮肌膚，晚上三分鐘打造白玉肌。不僅美肌成分組合豪華霸氣，還號稱每一片面膜所含的美肌成分同等於一罐保養精華！

早安膠原 煥膚面膜

Saborino MEGA-Shot
朝用ツヤピールマスク CC

7片 638円 / 32片 1,980円

10種胜肽、維生素C以及3種膠原蛋白，不只能同時完成洗臉與基礎保養，還搭配角質調理成分，能讓肌膚宛如細緻琢磨過一般，散發出滑嫩光澤感。

晚安白玉 美容面膜

Saborino MEGA-Shot
夜用白玉美容マスク

7片 748円 / 32片 2,310円

10種胜肽、3種維生素C與穀胱甘肽，能打造出充滿水潤透亮感的白玉肌。不僅如此，還添加時下極具話題性的青春成分NMN！

ROAliv

結合珍稀北海道洋槐蜂蜜與自然成分的護膚品 且推出個性豐富香水的體驗型無邊界美妝品牌

ROAliv 大地泥采礦物泥膜
採用細緻的沖繩奇蹟海泥作為基底
搭配品牌核心美肌成分北海道洋槐蜂蜜
揉合海洋與大地美肌力的沖洗式泥膜

ROAlív

以大地之母之名，結合海洋恩惠的泥膜系列，自2018年品牌創立以來便備受美容愛好家們關注。針對不同的肌膚保養需求，搭配各種來自大地的美肌素材，調配出六款兼具肌膚使用體感與品味的泥膜。這些泥膜除了全臉使用同一類型之外，也能針對不同部位的肌膚保養困擾進行混搭塗抹，進一步強化保養效果，讓使用者能能自由地、不受限地體驗大地的美肌之力。

粉紅代謝
儲水型

ROAliv
マザークレイ ピンク

¥ 210g 3,520円

完美調合白泥與紅泥，專屬內乾膚質。能夠提升代謝力，喚醒肌膚原有的儲水力，可用於輔助改善肌膚深層水分不足的問題。

紅色循環
抗齡型

ROAliv
マザークレイ レッド

¥ 200g 3,520円

富含鐵質的法國紅泥，能發揮促進血液循環的作用。同時搭配潤澤效果優秀的摩洛哥堅果油，能像保養晚霜一般增添肌膚光澤。

黑色毛孔
調理型

ROAliv
マザークレイ ブラック

¥ 240g 3,520円

結合活性炭，適合用來強化T字部位保養的高潔淨力類型。不僅可改善皮脂分泌過剩的問題，黑頭及粗大毛孔造成的粗糙膚觸也會變得滑順。

白色亮白
保養型

ROAliv
マザークレイ ホワイト

¥ 240g 3,520円

來自北歐芬蘭湖底的白泥，能確實去除老廢角質並拂去暗沉感，讓肌膚整體顯得更加水潤透亮，是全系列中夏季最為搶手的類型。

綠色舒緩
鎮靜型

ROAliv
マザークレイ グリーン

¥ 240g 3,520円

添加歐洲用於醫療或排毒用的綠泥，擁有優秀的吸附力與淨化作用，同時也具備特殊的消炎與鎮靜效果。適合痘痘肌或是荷爾蒙不平衡所引起的不穩肌使用。

黃色緊緻
增彈型

ROAliv
マザークレイ イエロー

¥ 220g 3,520円

添加法國產黃泥，適合用來保養年齡增長下而顯得鬆弛的肌膚。在吸附老廢物質的同時，可深層增強肌膚彈性的植萃成分，其輔助提升肌膚的緊緻度成效可期。

「ROAliv」，一個孕育出大地泥采礦物泥膜的高質感無邊界保養品牌。誕生至今已超過六年，而品項卻已經廣泛涵蓋肌膚、頭髮、雙手、身體保養及唇部護理，甚至是香氛。尤其是訴求本能與理性也能有所共鳴的香水與擴香，更因為獨特的調香品味與超脫世俗的意境，讓這個品牌走入更多美妝愛好家的視野。

ROAliv FRAGRANCE香氛系列

追求與自然調和，淡香精搭配溫柔且手感如鵝卵石般圓滑的瓶身，及衍生自其人氣香味的室內擴香系列，酒精成分皆採用100%來自甘蔗的植物性酒精。目前ROAliv共推出12款淡香精與6款擴香，日本藥粧研究室在這邊就為各位剖析人氣前三名的香氛特色。

clear / 澄淨

淡香精20mL 3,960円
擴香 100mL 5,500円

宛如澄澈且耀眼的藍天一般，充滿了各種可能性，令人不禁想大口深呼吸的香氛。溫暖的花果香調，清爽而帶有淡淡香甜味，給予舒適愉悅感。

前調：檸檬、香豌豆、牡丹、蘋果
中調：小蒼蘭、紫藤
後調：木質調、麝香

water garden / 水岸花園

淡香精20mL 3,960円
擴香 100mL 5,500円

展現著有如花朵綻放的水岸庭園般，融合柔和的花果麝香調，散發出兼具濕潤靜謐與解放感的迷人香氣。

前調：蘋果、黑加侖、杏桃、香檸檬
中調：玫瑰、牡丹、蜜桃、小蒼蘭
後調：白麝香、琥珀

White fog / 白霧

淡香精20mL 3,960円
擴香 100mL 5,500円

彷彿是包裹在全新床單之中，純白的環境下伴隨著濃郁清新的花香，最後變換到雪松麝香的尾韻，心情沉浸在靜謐與潔淨中，緩緩進入微醺時刻。

前調：香檸檬、檸檬、小荳蔻
中調：薰衣草、杜松子、茉莉、玫瑰
後調：麝香、雪松

ROAliv店鋪一覽

關東地區：
新宿京王百貨店 1F、新宿lumine2 2F、GRANSTA東京丸之內店 B1(丸の内地下中央口 剪票口外)、kirarina京王吉祥寺店 2F、JOINUS橫濱 3F、PERIE千葉店 1F

關西地區：
LUCUA 1100店 2F、阿倍野 近鐵百貨店2F

中部地區：
名古屋高島屋GATETOWER MALL店 6F

LuLuLun

奠定每日面膜市場基石
改變世人面膜使用習慣的傳奇品牌

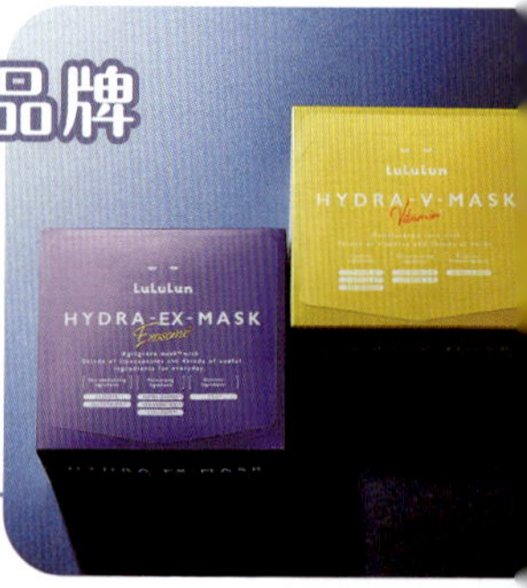

在競爭激烈的面膜市場中，誕生於2011年，至今熱賣超過17億片的LuLuLun重新定義了面膜的保養模式，從過去一週2、3次的特殊保養，變成每日保養的一個步驟。目前，LuLuLun旗下的面膜系列將近十款，這次日本藥粧研究室將剖析其中四個備受注目的人氣系列！

深層保濕打造水光肌 附加機能性的保養面膜

LuLuLun
HYDRA Series

系列主軸概念鎖定在美肌的基本條件——深層補水。在打造「水光肌」的同時，搭配不同美肌機能成分，推出訴求不同的功能性單品。

抗齡保養

LuLuLun
ハイドラ EX マスク

¥ 7片 880円 / 28片 2,640円

概念來自先進再生醫療，實現亮澤水光肌的抗齡面膜。核心成分是來自幹細胞研究，具備修復作用的次世代美肌成分「外泌體」，以及能夠實現清透肌，美白錠常見的亮白成分「穀胱甘肽」。

毛孔調理

LuLuLun
ハイドラ V マスク

¥ 7片 770円 / 28片 2,420円

宛如綜合維生素一般，添加7種美肌維生素，搭配7種抗乾荒草本植萃成分。不只是毛孔粗大問題，還能同時應對乾荒、失彈以及暗沉等多種肌膚困擾的全方位保養面膜。

成分單純、訴求簡單 帶給肌膚幸福感的每日面膜

結合海藻萃取物、蔓越莓胜肽與可可豆萃取物，能發揮出色的保濕及防乾荒作用。是一款使用感相當溫和的保濕護理型面膜。尤其適合因長期配戴口罩而引起的不穩肌。對於一直找尋不到合適面膜的人，也很推薦作為入門款面膜。

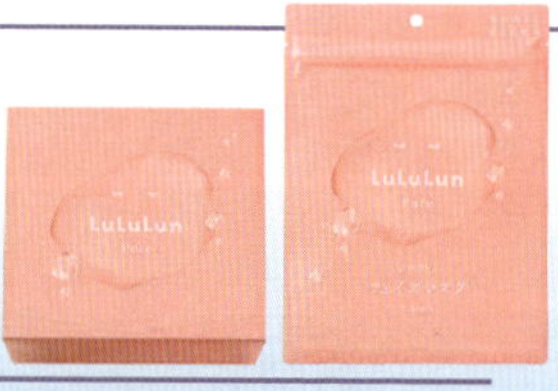

LuLuLun
ピュア
エブリーズ

¥ 7片 440円 / 32片 1,760円

LuLuLun品牌誕生時就長銷至今的始祖級系列。主打賦予肌膚幸福感的粉紅色面膜不斷進化，在2023年推出第10代，可說是相當長壽的面膜單品。

輕熟齡肌的保濕保養第一步 用敷的化妝水

LuLuLun
Precious Series

LuLuLun品牌中人氣最高的系列。採用「滲透型精華晶球」包裹嚴選美肌素材，搭配仿現人體22歲皮脂狀態的「L22®」。利用每天「敷化妝水」的方式，解決問題肌膚的根源──乾燥。

LuLuLun
プレシャス GREEN (バランス)

¥ 7片 550円 / 32片 1,980円

平衡型
適合容易狀態失衡的輕熟齡肌
結合3種神經醯胺和β-葡聚醣，不只能夠幫助肌膚維持水潤度，更能讓膚觸顯得更加彈潤。

LuLuLun
プレシャス RED (モイスト)

¥ 7片 528円 / 32片 1,870円

滋潤型
適合容易乾燥的輕熟齡肌
嚴選2種萃取自稻米的美肌成分和白米發酵液，可透過出色的滋潤力，對付失去彈力的乾燥肌，以及乾燥引起的小細紋。

LuLuLun
プレシャス WHITE (クリア)

¥ 7片 528円 / 32片 1,870円

清透型
適合想提升清透度的輕熟齡肌
添加維生素E和兒茶素胜肽，能在提升肌膚光澤度的同時改善暗沉問題。再搭配奈良紫蘇萃取物，強化提升肌膚清透感。

薬用LuLuLun 具備雙重保養機能的集中保養面膜 用敷的肌膚保健品

LuLuLun的絕大部分產品都是每日使用的面膜，為了應對突發的膚況問題，特別開發了每週使用1至2次的集中保養面膜。這是LuLuLun推出的首款薬用保養系列，其研發概念源自「敷用型肌膚保健品」，因此包裝設計也極具巧思地採用藥袋風格。

痘痘肌&美白護理型

薬用 LuLuLun
美白アクネ

¥ 21mL×4片 1,540円

添加美白成分傳明酸，以及消炎成分甘草酸鉀。不僅能夠發揮美白保養機能，還能安撫處於不穩狀態的痘痘肌。在面膜市場中，屬於少數兼顧美白與痘痘調理的薬用保養面膜。(医薬部外品)

敏感肌&保濕護理型

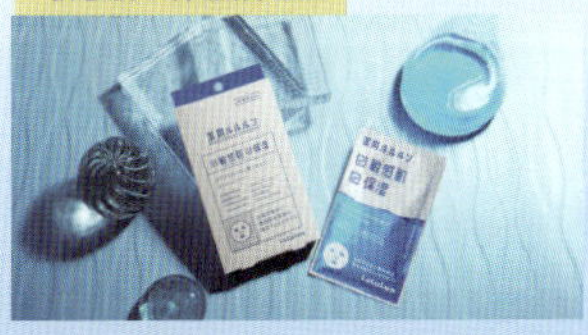

薬用 LuLuLun
保湿スキンコンディション

¥ 21mL×4片 1,540円

添加抗發炎表現優秀的甘草酸鉀，可安撫處於發炎不穩狀態的敏感肌。同時間，對於敏感肌常見的乾荒問題，則是搭配肌膚防禦機能強化成分與溫和的敏感肌專用保濕成分。(医薬部外品)

面膜

ONE BY KOSÉ
メラノショット W マスク a

コーセー

21mL×4片 5,500円

訴求在紫外線傷害形成黑斑之前就要深入核心，讓黑色素停留在無色階段的速攻型美白面膜。美白成分麴酸搭配保濕與潤澤成分，恰到好處的油水平衡配方，讓面膜敷完之後不會殘留過多的黏膩感。具備伸縮性的雙層構造面膜布，能搭配臉型伸展，完整包覆臉部肌膚的每個角落。（医薬部外品）

CLEAR TURN
バイオチューン バイオセルロースマスク

コーセーコスメポート

660円

採用椰子汁發酵培養而成的生物纖維面膜。奈米等級的極致纖維構造，宛如第二層皮膚一般，能夠完美服貼肌膚上每個凹凸不平的表面，讓精華成分能全面滲透肌膚每個角落。

バランスタイプ
平衡型

添加話題修復成分CICA與類神經醯胺保濕成分，搭配能夠調節肌膚健康度的美肌菌，非常適合膚況不穩、乾燥且顯暗沉狀態時用來集中保養。

高保湿タイプ
高保濕型

添加玻尿酸酵母、植物培養細胞和胺基酸保濕成分，再搭配維生素A衍生物，適合在覺得肌膚缺乏彈力與光澤感的時候用來強化保養。

毛穴撫子
お米のマスク

石澤研究所

10片 715円

上市十年以來，早就成為日本藥妝店的必掃保濕面膜。含有來自日本國產米的精華成分，能針對粗糙無彈力、毛孔粗大或是膚紋紊亂等肌膚問題，發揮優秀的強化保濕作用。即使是具備高效滋潤的功能，使用起來也完全不會有厚重的黏膩感。

毛穴撫子
ひきしめマスク

石澤研究所

10片 715円

同時結合收斂與保濕作用，特別適合混合肌使用的雙效面膜。採用玻尿酸與膠原蛋白作為保濕成分，搭配小黃瓜與絲瓜的收斂作用，無論任何季節，都相當適合乾燥又出油的混合肌族群用來加強日常保養。

毛穴フォーカス VC
VC3
シートマスク N

pdc

7片 770円

鎖定乾燥引起之粗大毛孔問題所開發的毛孔對策面膜。速攻型、安定型和滲透型等三種分子大小不同的維生素C，搭配CICA、甘草酸二鉀以及尿囊素等安撫保濕成分。多達11種豪華成分，只要敷上三分鐘，就能讓膚況顯得水潤，原本布滿粗大毛孔的肌膚，看起來也會顯得滑順許多。

Wafood Made
宇治抹茶マスク

pdc

10片 715円

嚴選京都「利休園」的宇治抹茶，專為毛孔問題所開發的和風素材面膜。宇治抹茶能夠潤澤肌膚並讓膚紋顯得細緻，再搭配角質軟化成分與甘草、薏仁及大豆等保濕美肌成分，非常適合用來同時解決肌膚乾燥與毛孔粗大的問題。

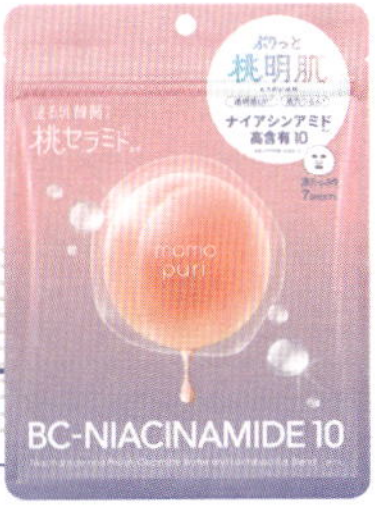

momopuri
潤いバリア
セラムマスク N

BCL

7片 880円

精華液量超足，主打以菸鹼醯胺打造淨透感，修復肌膚屏障機能，改善粗大毛孔及膚色暗沉問題的淨透型面膜。利用乳酸菌成分，由外調節健康的肌膚環境，同時搭配桃子神經醯胺與三種神經醯胺，再由內提升肌膚保水性與屏障機能。獨家BC-菸鹼醯胺，可提升細緻膚紋的實感。

Cleansing Research
薬用ビタピールパッド AC

BCL

14片 660円

同時具備美白、安撫痘痘肌以及去角質的局部保養棉片。添加美白成分傳明酸和抗炎成分甘草酸二鉀，可貼在兩頰等冒出痘痘的部位進行局部強化保養。另一方面，還添加品牌主打的AHA與PHA角質調理成分，因此也能夠以擦拭的方式，去除肌膚上的老廢角質，讓肌膚顯得更加透亮。（医薬部外品）

シャイン
白玉亮澤型

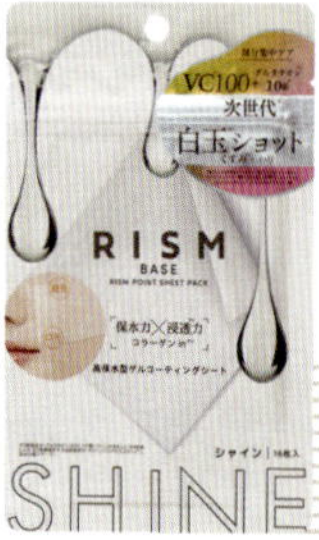

添加濃縮亮白成分「穀胱甘肽」與W377，適用於應對暗沉無光澤的膚況。

ブラック
毛孔調理型

添加濃縮毛孔調理成分「杜鵑花酸」與茶樹精華，適合用於改善毛孔粗糙與黑頭粉刺。

RISM
ベース ポイント集中パック

SUNSMILE

16片 660円

強化肌膚保水力與防禦力，以打造穩固肌底為概念的局部集中保養式面膜。面膜紙略大於化妝棉採長方形裁切，能夠自由貼在想強化保養的部位。除共通成分5種維生素C衍生物和多種保濕防乾荒成分外，依照亮白與毛孔等不同的保養需求，各自搭配濃縮成分，推出兩款不同的類型。

保濕塗抹
面膜

Bb lab.
モイストクリームマスクPro.

ビービーラボラトリーズ

175g 4,180円

熱門搶手到連官網都需限制購買數量，保養體感堪稱是SPA級的乳霜狀塗抹面膜。保濕表現優秀的復活草精華，搭配最具品牌特色的日本國產胎盤素，添加多種保濕潤澤成分，洗臉後敷個15~20分鐘，就能讓肌膚顯得柔嫩水潤，就像剛做完SPA一般。橙花、薰衣草及迷迭香精油所調合的香氛，在舒緩身心上的表現，也是鐵粉愛不釋手的一大特色。

塗抹面膜

透明白肌
薬用ホワイトパックN

石澤研究所

130g 2,200円

只要敷5分鐘，就能揮別肌膚暗沉感，讓臉部膚色整體明亮一個色階的沖洗式面膜。添加美白成分「傳明酸」，也很適合在不小心曬太多太陽之後，用來做緊急補救保養，預防黑色素的產生。搭配可使肌膚Q彈水潤的豆乳發酵液、植物性胎盤素與膠原蛋白，也能為日曬後易顯乾燥的肌膚加強保濕。（医薬部外品）

撫紋霜

SHISEIDO FUTURE SOLUTION LX
アイ アンド リップコントア Rクリーム

資生堂インターナショナル

¥ 17g 18,700円

主打獨家的珍稀延命草，可喚醒肌膚年輕關鍵「CCN2生長因子」的頂奢眼唇霜。除系列共通的日本各地植萃保濕精華外，針對眼周暗沉問題，添加「沖繩香檸精萃」。同時，還採用「日本秋葵精萃」與「日本豆瓣菜精萃」來加強呵護眼周細緻脆弱的肌膚。在拉提、緊緻與豐盈眼周和唇周肌膚上，都能發揮極上的頂奢體感。

SHISEIDO Vital Perfection
リンクルリフト ディープレチノホワイト 5

資生堂インターナショナル

¥ 20g 14,740円

資生堂拿手的高濃度維生素A，搭配4MSK與m-傳明酸等美白成分，以及2種抗乾荒成分，是一條能同時滿足美白、抗皺、潤澤和安撫不穩肌等多種保養需求的撫紋霜。號稱只需要一週的時間，抬頭紋、魚尾紋、眼下紋、法令紋、頸紋等十大頑固紋路都能有感撫平。（医薬部外品）

ELIXIR
エンリッチド リンクルクリーム S

資生堂

¥ 15g 6,490円

在日本撫紋霜市場上已經連續7年奪冠的殿堂級單品。主成分是高純度維生素A，搭配獨家的高濃度膠原蛋白精華，能迅速提升肌膚保濕力並有感撫平深紋。採用資生堂獨家開發的專利真空軟管，能防止空氣進入以有效維持維生素A的活性，讓優秀的撫紋力持續到最後一滴。（医薬部外品）

DECORTÉ
アイピー ショット プルリポテント ユース コンセントレイト

コーセー

¥ 20g 11,000円

結合抗皺成分「菸鹼醯胺」和美白成分「傳明酸」，能在緊緻細紋的同時提亮膚色。質地滑順的乳霜狀，在接觸化妝水之後會轉為濃密的膏狀，就像是面膜一般瞬間緊密服貼於肌膚每個角落。以物理性維持肌膚張力的同時，將美肌成分不斷送入肌膚底層。（医薬部外品）

SHISEIDO MEN

集結男性保養研究百年結晶
兼具高體感機能性與高質感設計性

集結資生堂百年男性保養研究結晶的SHISEIDO　MEN，於2003年首次在義大利和德國亮相，並於次年在日本上市。如今，該品牌已成為覆蓋全球88國的頂級男性保養品牌。不只重視保養體感與效果，在香氛上更是揉合檜木與白檀等極具東方禪意的木質調元素。在包裝方面，簡約卻質感爆表的設計，則是深受眾多設計大賞與設計師所肯定。

SHISEIDO MEN
アルティミューン™
パワライジング　コンセントレート

資生堂

30mL 8,250円 / 75mL 16,500円

資生堂男人極致系列中屬於較新的品項，卻是人氣超高且連續奪下男性美妝大賞的能量賦活露。針對男性脆弱的膚質特性，採用「三重山茶花賦活科技™」改善內在防禦力、抗氧化能力以及損害修復力等三大健康膚質的必須條件。對於輕熟齡男性略顯疲態的初老膚況和乾燥細紋等問題，都有相當不錯的體感。適合在刮鬍或洗臉後，快速簡單地為膚質打下健康基礎。

SHISEIDO MEN
スキン
エンパワリングクリーム N

資生堂

50g 13,750円

針對男性容易被忽略的膚質乾燥問題所研發，添加全新抗齡保濕成分「A醇ACE」的男性專屬保養霜。排除男性抗拒霜類產品的黏膩厚重感，即便質地偏向濃密，卻有著驚人的滲透力與清爽體感。不僅長時間保濕表現優秀，還能有感提升肌膚彈力與張力，讓臉部輪廓線條顯得更加緊緻有型。

SHISEIDO MEN
クリアスティック
UV プロテクター

資生堂

20g 4,180円

針對男性皮脂分泌旺盛以及經常運動流汗等肌膚環境特性，強化防水、抗汗、耐油等機能的防曬棒。考量到男性喜歡簡單俐落的使用感，採用完全不沾手，單手就可簡單塗抹的防曬棒設計。不只是防曬本身的機能性，簡約時尚的配色與設計，更是提升男性品味的隨身防曬小物。（SPF50+•PA++++）

VIR TOKYO

風格簡樸俐落卻散發出時尚格調 現代時尚男子必CHECK新選擇

VIR TOKYO的品牌精神為「打造男性自信光采」，一問世即被毒舌派美妝雜誌評為人氣冠軍的男性保養品牌。一般品牌通常會先聚焦於臉部保養或髮妝品等單一類別來試探市場反應，但VIR TOKYO卻一口氣推出全效化妝水、護髮油、防曬、身體乳與BB霜，全面滿足男性的多樣化保養需求，因此迅速成為日本美妝店內討論熱度極高的新銳男性美妝品牌。

VIR TOKYO UV STICK

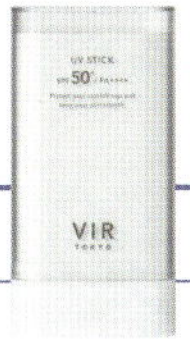

アルカナ

18g 2,200円

使用起來簡單不沾手，順手就能為全身做好防曬工作的防曬棒。不只是防水抗汗，塗起來完全不黏膩且不泛白，而且也不會讓臉部肌膚看起來油光閃閃。體積輕巧可隨身攜帶、隨時補擦防曬，一般的潔顏產品就能簡單卸除。（SPF50+・PA++++）

VIR TOKYO DUAL ESSENCE HAIR OIL

アルカナ

120mL 2,200円

熱賣到一度斷貨的雙層護髮油。黃色的美容油層能潤澤並修護受損髮質，透明的美容液層則能夠調理頭皮水油平衡，減少頭皮屑與頭皮癢發生。可以作為髮妝品打造各種髮型，也適合在洗髮前用來按摩頭皮，強化頭皮的健康度。

8 THE THALASSO HOMME

實現隔日造型簡單完成不吃力的自在髮 日本人氣髮妝品牌的全新男性專屬系列

男性頭皮的皮脂分泌旺盛，加上活動後累積的汗水、環境髒汙與髮蠟等強力造型品，使得頭皮和髮絲的清潔與護理需求遠超乎一般人想像。主打幹細胞護理的日本人氣髮妝品牌8 THE THALASSO，在2024年推出全新的男性專屬洗潤系列。在香味方面，則是以麝香、琥珀與檀木作為基調，調配出顯現洗鍊時尚的現代男性潔淨魅惑香。

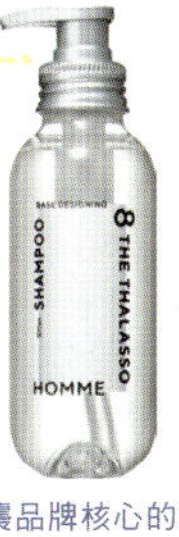

シャンプー 洗髮精

承襲品牌核心的海洋美髮成分，搭配深層潔淨技術，能一舉潔淨男性頭皮與髮絲上的髒汙、髮妝品以及令人尷尬的異味。洗髮時，能感受到恰到好處的清涼感。

8 THE THALASSO HOMME ベースデザイニング

ステラシード

各370mL 1,540円

ヘアトリートメント 護髮乳

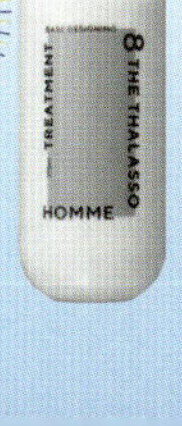

不只能修護紫外線及熱吹整下的受損髮絲，也能讓僵硬的髮絲變得柔軟。同時，透過調節頭髮內部含水量的方式，讓起床後的頭髮乖乖聽話不亂翹，抓起造型來變得更省事！

Magnifique

導入多元大自然精華
無性別設計的自然科學護理型洗潤系列

Magnifique

コーセーコスメポート

洗護　各300mL 2,750円
調理露　120mL 2,970円

在眾多男性開架保養品牌中，Magnifique在成分、香氛以及品項設計上，全面跳脫傳統且刻板的男性保養框架。品牌採用女性取向產品的研發標準，推出一系列專屬男性的保養美妝產品。除一般臉部保養與髮妝用品外，甚至開發了適合男性的底妝、眉妝等產品。在2024年，品牌進一步推出全新的頭髮洗淨與頭皮護理系列。

スカルプケア
トニック
頭皮調理露

搭配4種有效成分，能直接噴灑於頭皮，發揮預防掉髮與活化毛髮生長等機能的育毛劑。

スカルプケア
シャンプー
洗髮精

濃密泡泡能清爽洗淨頭皮上的多餘皮脂與髒汙，搭配消炎成分甘草酸二鉀，可同時安撫飽受外界刺激的頭皮。

スカルプケア
トリートメント
護髮乳

質地濃密卻好沖淨，搭配多種護髮成分，幫助脆弱的髮絲找回彈力與韌性。

MEN's Bioré The Face

兼顧清潔力與溫和性
日本型男必備的密著泡洗顏

MEN's Bioré
The Face

花王

200mL 880円

對於眾多日本男性來說，MEN's Bioré可說是接觸保養品的入門品牌。其中最受男性青睞的人氣品項，莫過於直接按壓就可擠出泡泡的潔顏泡。2024年秋季，睽違13年的MEN's Bioré潔顏泡全新改版，推出「The Face」系列。新系列有別於以往，採用花王獨家的濃密泡技術，能夠讓泡泡確實包覆並帶走髒汙，甚至連以往難以透過洗臉潔淨的粉刺與變性皮脂，都能簡單洗得一乾二淨！

薬用アクネケア
痘痘肌保養

搭配消炎殺菌成分，適合冒痘痘的不穩肌使用。（医薬部外品）

うるおいケア
潤澤保養

能在去除油光與清潔毛孔的同時，保留肌膚原有的滋潤度。

毛穴汚れクリア
深層清潔保養

針對惱人的粉刺，可發揮強力的潔淨效果。

防曬

IPSA
プロテクター マルチシールド

イプサ

30mL 4,950円

不只能夠抵禦紫外線，還能像是隱形護盾般應對空氣汙染等環境因子對肌膚所帶來的傷害。添加經典流金水的保濕超能成分，更能輔助肌膚長效保水不乾荒。質地宛如精華液般清爽好推展，也很適合作為妝前飾底乳使用。
（SPF50+・PA++++）

HAKU
薬用 日中美白美容液

資生堂

45mL 5,280円

同時具備HAKU驅黑淨白露的美白保養力，以及高係數防曬力的日用精華。在2024年的最新改版中，新增陳皮萃取物結合甘油而成的保濕成分，讓整體的保濕力與潤澤力更加提升。質地輕透好推展，不僅能確實防曬，還帶有提亮膚色的效果，同時提高底妝的貼妝與持妝力，因此也是個不錯的妝前乳選擇。
（SPF50+・PA++++）（医薬部外品）

ANESSA
パーフェクト UV スキンケアジェル NA

資生堂

90g 2,508円

資生堂高人氣安耐曬於2024年推出的金鑽高效水感防曬凝膠。承襲安耐曬金鑽的超強防曬力，還強化美肌保濕力，讓肌膚一整天保持水潤不乾燥。獨特的UV防禦膜技術，能夠自動修復日常活動下所產生的縫隙，讓紫外線毫無漏洞可鑽。質地絲滑柔順，塗抹後能讓肌膚散發出自然的光澤感。（SPF50+・PA++++）

ANESSA
パーフェクト UV マイルドミルク NA

資生堂

60mL 3,058円

資生堂安耐曬的敏感肌專屬版本，就連肌膚幼嫩的小朋友也能使用，兼具高UV防禦力和零負擔的溫和性。搭配獨特的柔滑無縫防護科技，使用起來就充滿輕羽感，膚觸清爽且不泛白。對於育兒父母來說，是相當值得收編的親子共用防曬乳。
（SPF50+・PA++++）

ALLIE
クロノビューティ ジェル UV EX

カネボウ化粧品

90g 2,310円

質地極為水潤滑順，輕透到令人幾乎忘記自己塗過防曬！不僅防曬效果確實，還能讓肌膚散發出自然的光澤美感。除了臉部之外，也很推薦用於後頸與鎖骨等部位，在防曬的同時打造出迷人的光澤美肌視覺。
（SPF50+•PA++++•UV耐水性★★）

雪肌精
スキンケア UV エッセンス ジェル

コーセー

90g 2,310円

兼具高防曬係數與保養效果的防曬精華。添加三種薏仁萃取成分，搭配多種和漢保濕配方，加上雪肌精獨特有記憶點的香氣，是一條令鐵粉愛不釋手的必備防曬單品。不僅質地極為清透好延展，抗紫外線水潤薄膜更是清爽得連一點黏膩感也沒有！
（SPF50+•PA++++•UV耐水性★★）

Bb lab.
PHプロテクトUV スプレー

ビービーラボラトリーズ

90g 1,650円

同時添加胎盤素、玻尿酸和六種植萃成分的保養級防曬噴霧。加壓罐採噴霧設計，不只是臉部，也可以簡單大範圍為手腳及頭髮做全面性防曬工作。使用後膚色不會泛白且不黏膩，而且帶有一股清新的柑橘系花香。（SPF50+•PA++++）

紫外線予報
さらさら UV スティック

石澤研究所

15g 1,870円

近期內人氣爆發式成長的防曬棒，使用非常簡單，只需轉出並直接塗抹在需要強化防曬的部位即可。不僅使用過程完全不沾手，使用後的肌膚也能保持清爽滑順、不黏膩。小巧的體積方便隨身攜帶，很適合準備一個在包包裡，隨時隨地對付狠辣的紫外線。(SPF50+•PA++++)

紫外線予報
うるおす UV セラム

石澤研究所

30mL 2,090円

不只具備高係數防曬力，還同時擁有能提升肌膚水潤清透度的保養實力，添加3種鎖水神經醯胺和維生素C衍生物的防曬精華。塗抹起來水潤清爽，舒適不黏膩。洗完臉後只需一瓶，就能同時完成基礎保養與防曬，對於起床後總是匆忙出門的人來說，可說是必備的懶人防曬。
（SPF50+•PA++++）

NIVEA
ニベア UV ディープ プロテクト & ケア ジェル

ニベア花王

80g 1,078円

妮維雅防曬系列當中，人氣最高的凝露型。防水抗汗表現優秀，使用起來卻極為輕盈不悶熱。主打預防美容訴求，搭配金銀花萃取物、珍珠萃取液與大馬士革玫瑰水等保濕美肌成分。能在確實抵禦紫外線傷害的同時，發揮出色的保濕作用。（SPF50+・PA++++・UV耐水性★★）

Bioré UV
アクアリッチ ウォータリーエッセンス

花王

70g 968円

堪稱日本開架防曬殿堂級聖品，累積銷量超過1億條的Bioré 含水防曬保濕水凝乳，在2025年春季推出全新改版。除了承襲清透無負擔的清爽使用感與優異的UV防護力之外，這次最大的改版重點，就是讓均一塗膜技術再次進化，使包覆防曬劑的膠囊微粒能在接觸肌膚的瞬間瓦解，讓防曬成分隨著塗抹的動作均勻且完整地包覆肌膚。簡單地說，就算是手殘族也能簡單一抹，確實做好無懈可擊的防曬工作。（SPF50+・PA++++・UV耐水性★★）

Bioré UV
アクアリッチ アクアプロテクトミスト

花王

60mL 1,078円

顛倒瓶身也能使用的防曬噴霧，非常適合放在包包裡隨身攜帶，並且隨時為臉部、頭髮、頸背以及手腳等全身各部位補擦防曬。使用前不須搖晃瓶身，也不會發出聲音，就算是回國託運行李時也不必擔心高壓氣瓶的攜帶數量限制。（SPF50・PA++++・UV耐水性★★）

Bioré UV
アスリズム プロテクトエッセンス

花王

70g 1,980円

防水、抗汗、耐摩擦表現都相當出色，超推薦在戶外活動時使用的防曬精華。質地滑順且服貼度高，不只能有效阻隔紫外線傷害，還兼具優秀的撥水機能。對於想要超強防曬力，卻又不喜歡黏膩感的人來說，可說是戶外活動時的首選逸品！（SPF50+・PA++++・UV耐水性★★）

Bioré UV
アスリズム プロテクトミスト

花王

70mL 1,980円

顛倒瓶身也能使用，兼具防水、抗汗、耐摩擦等機能的防曬噴霧。採用獨特噴頭設計，噴霧的噴射時間較一般噴頭還長，因此能更省事地將防曬噴霧大範圍噴灑於背部及手腳等部位。（SPF50+・PA++++・UV耐水性★★）

毛穴撫子

來自日本超人氣美妝品牌毛穴撫子推出2種色號的BB霜新品

自2007年推出「角質對策洗顏粉」以來，毛穴撫子接連推出了許多高人氣產品，從「日本米精華保濕面膜」到其他備受歡迎的品項，其吸睛的包裝設計與出色的使用體驗深受消費者喜愛。毛穴撫子無論在日本或海外市場，都擁有極高的品牌知名度和人氣。2024年秋季，品牌推出的BB霜，不僅具備優異的遮瑕效果，還帶來絕佳的保濕滋潤感，也適合肌膚乾燥時使用。

完美遮飾毛孔 添加潤澤成分打造絲綢般的滑嫩肌

毛穴撫子全新推出的「毛孔躲貓貓BB霜」具備優異的遮瑕力，能自然貼合肌膚，讓令人在意的毛孔於視覺上宛如隱形般消失。此款BB霜同時兼具保濕霜、防曬、飾底乳及粉底等多重機能，僅需一個步驟便能輕鬆打造完美半霧面陶瓷肌！產品擁有SPF30•PA+++的防曬係數，並添加蠶絲與水解絲等多種保濕成分，讓妝後肌膚長時間保持水潤。質地滑順好延展，CP值極高，機能多樣性更是不在話下，也相當適合帶著外出旅遊！

毛穴撫子
毛穴かくれんぼBBクリーム

石澤研究所　¥ 25g 1,980円

搭配膚色選擇
妝感自然的2種顏色

オークル
自然色

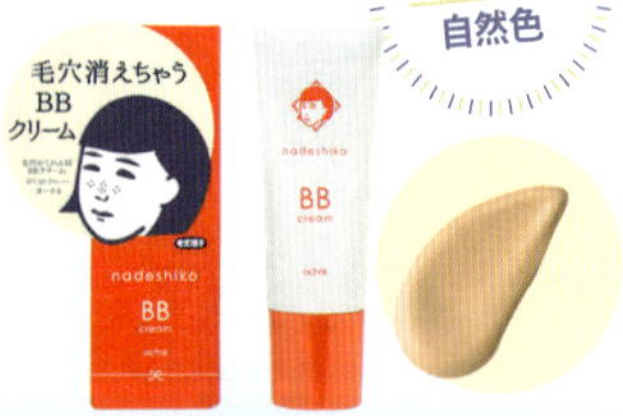

適合暖色調膚色的自然色，能遮飾暗沉感，讓膚色更顯均勻。即便遮飾力強，卻還是能呈現出極為自然的妝感。

ピンクオークル
粉嫩色

適合偏冷色調膚色使用的粉嫩色！能為膚色增添柔和的清透感。

底妝

Clé de Peau Beauté
ヴォワールコレクチュールn

資生堂

40g 7,700円

上妝即保養，輕輕一抹就能打造長效輕裸妝感的肌膚之鑰造光霜。搭配獨家的珠寶級保養成分，不僅能發揮長效保濕，還能抑制油光打造優雅的啞光感。質地極為輕盈，能讓毛孔彷彿罩上水潤光薄紗一般，散發出奢華典雅的無瑕膚感。適合所有膚質在妝前用來柔焦膚質與提亮膚色。（SPF25・PA++）

MAQuillAGE
ドラマティック スキンセンサーベース NEO

資生堂

25mL(全3色) 2,970円

一抹就能產生完美的柔焦效果，同時發揮13小時長效持妝力的妝前乳。採用獨特的「膚控感應膜」技術，能平衡肌膚水油比例，拉長持妝時間。搭配「毛孔神隱凝膠」，讓粗大毛孔瞬間隱形無瑕疵。MINT可校正泛紅，LAVENDER能提亮同時校正蠟黃感，以及NUDIE BEIGE可平衡裸肌膚色共三種色號可以選擇。（SPF50・PA++++）

Primavista
スキンプロテクトベース 皮脂くずれ防止 UV50

花王

25mL 3,080 円

堪稱是品牌鎮店之寶的Primavista持久控油防曬調色底霜，在2024年春季推出「自信美肌LOCK」強化版。不僅承襲原本強大的控油力，還能同時滿足遮飾毛孔、膚色不均，以及高係數防曬的需求。（SPF50・PA+++・UV耐水性★）

ベージュ 裸色

能遮飾膚色不均，打造柔和的自然膚色。

ラベンダー 活力紫

提亮疲憊暗沉的膚色，打造更加清透與白皙的膚色。

メロン 柔和綠

淡化泛紅視覺，打造清新透亮的膚色。

フレンチブルー 亮肌藍

修正蠟黃視覺，打造透亮白皙的膚色。

Primavista
スキンプロテクトベース <皮脂くずれ防止> 超オイリー肌用

花王

¥ 25mL 3,080円

儘管出油量媲美油田的超油性肌，也能夠輕鬆維持清爽不油膩！黑罐Primavista控油飾底乳原本為期間限定品，因為人氣度太高而定番款化。相較於基本款，黑罐強化版的皮脂固化粉末添加量提升1.3倍，因此抗出油、防脫妝的表現堪稱完美，就連高出油量的男性也很適用！（SPF10・PA++）

KANSOSAN
保湿力スキンケア下地

BCL

¥ 30g 1,430円

乾燥小姐是使用感溫和的妝前飾底乳。最大的特色，就是那出色的抗乾保濕力。洗完臉後只要這一條，就可以包辦化妝水、精華液、乳液、乳霜、防曬以及飾底乳等六大機能，並且保濕力可提升後續貼妝效果，對於乾燥易卡粉的人，是底妝福音，更能省去繁複保養程序所帶來的過度刺激。（SPF37・PA+++）

KATE
スノースキンベース

カネボウ化粧品

¥ 30g 1,540円

具備高度密著服貼感，能長時間保持肌膚白光感提亮效果的「KATE零瑕肌密雪耀光校色乳」。採用高濃度雪耀光提亮粉末，利用光線折射的效果，同時發揮白光提亮與修飾毛孔的作用，相當適合重視膚色明亮度的人用於妝前打底。（SPF50・PA+++）

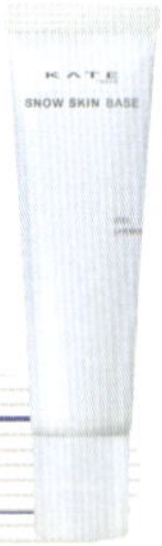

クールラベンダー
冷調薰衣草

修飾肌膚泛黃，打造澄透白皙的視覺。

スノーイエロー
雪耀明黃

修飾肌膚暗沉，打造自然透亮的視覺。

CHAPTER

7

日本生活雜貨

口腔衛生

Deep Clean
ディープクリーン プレミアム 薬用ハミガキ

花王

85g 968円

來自花王的牙周護理牙膏「Deep　Clean」，主打能夠滿足預防牙周病、口臭與蛀牙以及亮白牙齒等11種口腔健康需求的全方位護理牙膏。牙膏劑型不會產生大量泡沫，所以很適合一邊慢慢刷牙，一邊仔細按摩牙齦。（医薬部外品）

レギュラー
基本款

クールタイプ
涼感款

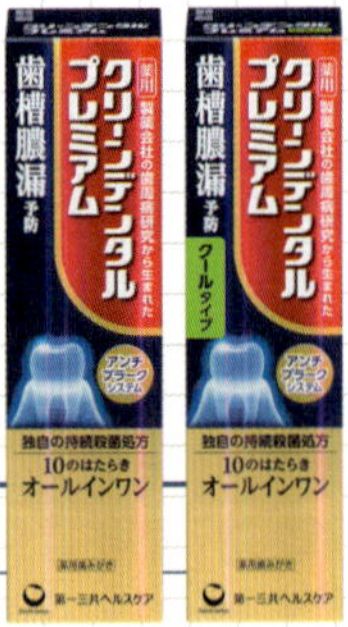

Clean Dental
クリーンデンタル プレミアム

第一三共ヘルスケア

100g 1,580円

添加2種殺菌成分與2種消炎成分，使用起來帶有些許鹹味的牙周護理牙膏。主打同時滿足預防蛀牙、牙周病、牙周炎、牙齦發炎、口臭、敏感、牙結石及淨白等十大機能，刷牙後還能維持長時間口氣清新。（医薬部外品）

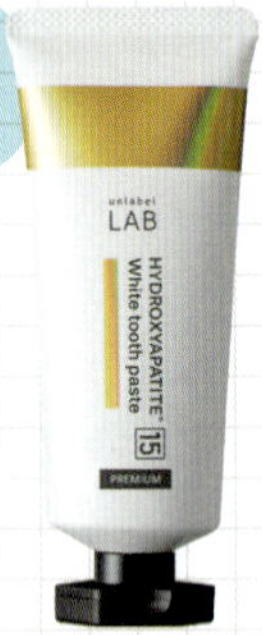

unlabel LAB
HA トゥースペーストプレミアム

JPSLAB

60g 1,540円

採用獨家超高壓技術，結合修復型「羥基磷灰石」，能在亮白牙齒的同時，促進受損的牙齒表面再礦化，讓牙齒表面顯得光滑明亮。此外，還加入三重去除牙垢成分，強化解決色斑堆積所造成的偏黃問題。「羥基磷灰石」的添加濃度高達15%，特別適合想強化亮白牙齒及去除頑固色斑的人。

WHITE MOUTH
デンタルヘルス トゥースペースト マイルドソルティミント

ステラシード

100g 1,430円

不只是包裝可愛吸睛，清潔口腔與亮白牙齒等機能性也不馬虎。高濃度殺菌成分CPC配合乳酸菌和細緻天然鹽粒，能夠有效護理牙齦健康並消除口腔當中的細菌與病毒。搭配兩種薄荷油與柿澀等潤澤消臭成分，在維持清新口氣的表現上也相當突出。

OCH-TUNE
ハミガキ

ライオン

130g 490円

市面上傳統的牙膏產品，大多著重在預防蛀牙、牙周病或是美白等機能性訴求。不過日本獅王在2024年推出的口腔護理新品牌，則是從使用者的「偏好與習慣」，來推出兩個風格迥然不同的牙膏。無論是哪個類型，都具備預防蛀牙、口臭以及亮白牙齒等機能，但卻能夠依照自己的喜好，選擇最適合的類型。

FAST
ブルーリフレッシュミント
沁藍爽快薄荷

「FAST」使用時輕盈的泡泡能迅速在口中擴散開來，帶有舒暢的沁涼感，適合追求快速爽快的口腔潔淨感。

SLOW
ハーバルリラックスミント
草本舒緩薄荷

「SLOW」使用時濃密的泡泡能確實包覆口腔與牙齒的每個角落，香味較為優雅沉穩，適合喜歡慢工出細活，仔細潔淨口腔的人。

クリーンミント
清新薄荷

ストロングミント
酷涼薄荷

フレッシュカシス
清爽果香

PureOra
薬用ピュオーラ ハミガキ

花王

115g 473円

花王旗下的 PureOra 牙膏系列在日本藥妝店中長銷多年，主打能潔淨口腔異味分子，長時間維持清新口氣。2024年秋季的最新改版中，特別強化了潔淨配方，透過日常刷牙，簡單去除頑固牙垢與細菌。除此之外，泡泡的附著性也大幅提升，刷牙時不易隨著口水流出，特別適合喜歡仔細、慢慢刷牙的人。（医薬部外品）

PureOra
ピュオーラ 泡ハミガキ フレッシュミント

花王

190mL 1,375円

造成口臭的細菌，大多都棲息在舌頭上，所以不少人都養成刷舌苔的習慣。但對於容易引發嘔吐反射的人來說，這款是更簡單的清潔方式。只要將泡泡擠在舌頭上，並在口中漱洗約10秒，就能去除舌頭上的細菌，接著只需用牙刷刷牙，就能潔淨牙齒與舌頭，同時預防牙周病及口臭。（医薬部外品）

CleanDental
薬用リンス トータルケア ノンアルコールタイプ

第一三共ヘルスケア

450mL 980円

三重殺菌成分搭配兩種消炎成分，從預防蛀牙到牙周病，各種口腔健康問題都能一手包辦的全方位護理漱口水。不含酒精，帶有一點特殊鹹味，使用起來溫和不刺激。（醫藥部外品）

WHITE MOUTH
デンタルヘルス マウスウォッシュ リフレッシュミント

ステラシード

400mL 1,430円

添加高濃度CPC和乳酸菌，能同時應對口臭、牙齒泛黃、口腔乾燥、預防蛀牙以及去除牙菌斑等機能的美型漱口水。添加薄荷油、柿澀與氧化銀等潤澤爽口消臭成分，能有效維持口氣清新。瓶身上可愛的插畫，更是漱口水少見的設計，相當適合同時重視機能性與視覺的人收編。

OCH-TUNE
マウスウォッシュ

ライオン

600mL 710円

具備基本的預防口臭與潔淨清新口腔等機能，但以外包裝設計、漱口液質地以及香味做區別，同時推出「FAST效率派」與「SLOW仔細派」兩款風格迥異的漱口水。對於有使用漱口水習慣的人來說，多了更有個性化的選擇。（洗口液）（醫藥部外品）

FAST
クールドライミント
沁涼醒腦薄荷

「FAST」質地清爽如水的透明漱口水，使用起來具有爽快醒腦的刺激清涼感。（含酒精版本）

SLOW
シルキーマイルドミント
微涼溫和薄荷

「SLOW」質地略為濃密，外觀呈現乳白色，使用起來的清涼感較為溫和。（無酒精版本）

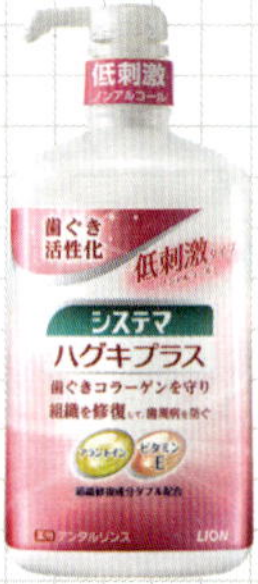

Systema
システマ ハグキプラス デンタルリンス

ライオン

900mL 1,030円

聚焦於活化牙齦健康機能的漱口水。除基本的殺菌抗發炎成分外，還添加能夠修復細胞組織的牙齦活化成分，及預防牙齦膠原蛋白受到破壞的分解抑制成分。不含酒精的低刺激配方，能在漱口後長時間包覆牙齦發揮作用，適合在意牙齦顏色泛紅、萎縮及容易出血者。（醫藥部外品）

口唇保養

しっとりなめらかタイプ
滑順潤澤

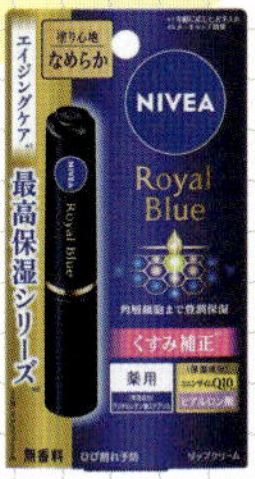

しっとりもっちりタイプ
彈嫩潤澤

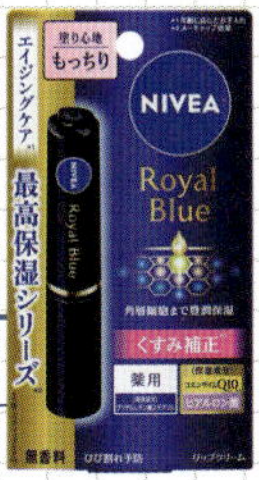

NIVEA
ニベア ロイヤルブルーリップ

ニベア花王

2g 1,210円

妮維雅護唇膏中潤澤表現最為優秀的抗齡保養系列。潤澤保濕與乾荒對策成分完備，輕輕一抹就能為雙唇塗上一層豐潤的潤澤膜。獨特的水光膜效果，能夠調節暗沉唇色的問題。在上唇彩前使用，能讓口紅顯色更為完美且具光澤感。（医薬部外品）

DHC
薬用リップクリーム センシティブ

DHC

1.5g 825円

DHC殿堂級純欖護唇膏的低敏版本。開發概念來自敏感肌保養，除保留相同的初榨橄欖油與蘆薈萃取物等潤澤保濕成分之外，還搭配神經醯胺、荷荷芭油與乳油木果油，可強化潤澤保護敏弱的雙唇。

Vモイスト
維生素C潤澤護唇膏

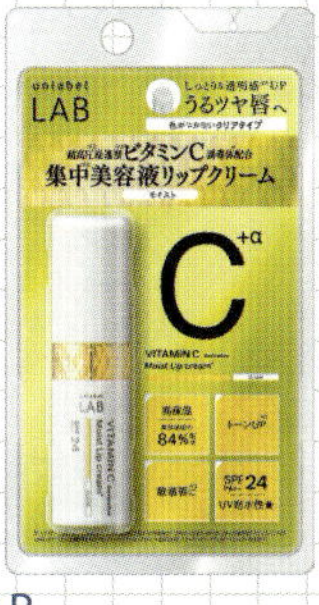

Aプランプ
維生素A豐盈護唇膏

unlabel LAB
UV リップクリーム

JPSLAB

4g 990円

不只潤澤雙唇，還添加美肌保養成分的高機能護唇膏。採用流行的維生素保養概念，結合獨家的超高壓滲透技術，同時推出清透潤澤感的維生素C護唇膏，及重視彈潤好氣色的維生素A護唇膏兩種類型。都添加3種CICA、尿囊素及4種植萃油，能充分滋潤並修復、穩定乾荒的雙唇。具備防曬機能，保護雙唇不受紫外線傷害。（SPF24 PA+・耐水性★）

CHOOSY
ナイトニードルリップ

SUNSMILE

15g 1,540円

以美容微針為概念研發的夜間唇用精華。每一條當中含有7萬支微藻針，以不過度刺激的方式，將19種天然保濕因子以及多種豐潤成分注入雙唇。使用時先像唇蜜一般，塗抹在雙唇後再以輕按的方式，幫助微針為雙唇注入精華成分。

泡泡玉親膚石鹼

本著「保護健康身體和守護乾淨水源」的企業理念，
製造無添加清潔用品，
努力為人們的健康和全球環境做出貢獻。

隨著健康及環保意識抬頭，日本市面存在著許多主打溫和不刺激肌膚的「無添加」產品。

「無添加」看似是近年興起的健康議題，但其實被譽為日本無添加先驅的「泡泡玉親膚石鹼」，早在五十多年前便領先業界，不計虧損的投入研發及生產無添加清潔用品。

泡泡玉親膚石鹼

「シャボン玉石けん」是日本最早生產無添加石鹼的公司之一，深感合成洗劑對人類與生態的危害，在苦熬17年赤字經營後，成功地轉型成為無添加清潔用品的領導者！

1910年

泡泡玉親膚石鹼是具有歷史的百年企業。其前身為「森田範次郎商店」，初期是一家雜貨商，後來轉為肥皂批發商。

1964年

隨著洗衣機普及至日本家庭，市面上出現多種合成洗劑。這時期的「森田範次郎商店」也順應時代潮流，投入合成洗劑的製造與銷售。

同時期，當時的社長深受原因不明的濕疹所苦，嘗試了多種治療方式，依舊沒有好轉的跡象。

此時一張來自日本國鐵（現在的JR）要求生產無添加劑肥皂的訂單，翻轉了泡泡玉的未來。

1971年

依照日本國鐵的委託，研發一款成分為純石鹼96%、水5%，超越當時日本工業標準（JIS）的無添加劑肥皂。社長將試作品帶回家試用，沒想到竟奇蹟似的改善了困擾多年的濕疹問題。

在無添加劑肥皂試作品用罄後，社長再用回合成洗劑，沒想到濕疹再次復發。同時也讓社長發現，原來濕疹是自己公司生產的合成洗劑所致。意識到這一點之後，社長痛定思痛，決定不再生產販售危害身體健康與環境的產品。

1974年

森田社長180度扭轉產品路線，捨棄生產合成洗劑，改為全面生產無添加的泡泡玉親膚石鹼。然而，這時候的世人對於無添加還毫無概念，這個轉型導致公司營業額縮減至原本的百分之一。

1991年

轉型之後的泡泡玉親膚石鹼，進入經營赤字的黑暗時代。於是森田社長親自走遍日本各地，透過演講及著作傳遞無添加的優點與重要性。

歷經17年的苦撐與拚搏，無添加的概念終於在日本人心中萌芽，更廣泛引起討論與重視，也讓泡泡玉親膚石鹼，逐漸成為日本人心中無添加的領導品牌。

來自石鹼職人之手的慢工熟成 泡泡玉親膚石鹼 純淨溫和的祕密

泡泡玉親膚石鹼在日長銷超過50年，堪稱是日本無添加肥皂的始祖級逸品。一塊看似簡單的肥皂，卻是經驗豐富的石鹼職人，採傳統釜製工法，每天以耳聽、眼觀、手觸、鼻聞和舔舐來判斷皂液的成熟度，經過7-10天的時間皂化而成。

純淨溫和的原點來自於單純的原料組成

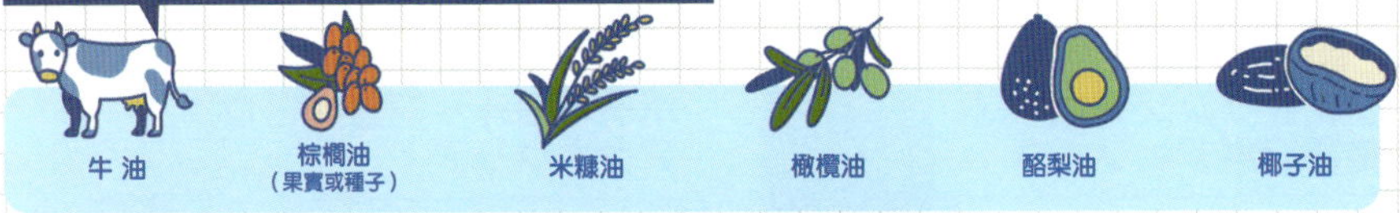

每一次石鹼原料的製造，都需要10年以上經驗的職人，透過完整的蒸氣加熱製程耗時而成。

※鹽析…將「石鹼之根源」和甘水分離之作業工程
※甘水…成分爲水、鹽、多餘的甘油或氫氧化鈉

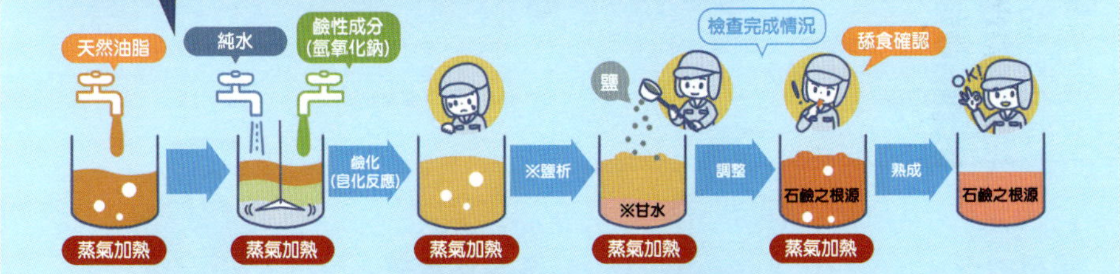

製作完成需耗時一週的時間

泡泡玉親膚石鹼，個人清潔與居家清潔入門推薦商品：

泡泡石鹼

$ 100g NT$105

最暢銷的無添加肥皂，被日本最大美妝網站@cosme評比為「肥皂類」和「洗顏皂類」雙重冠軍的經典好皂！成分單純且不含化學添加物，受日本敏弱肌族群推崇的潔膚聖品。天然油脂成分富含潤澤力，親膚洗淨後沒有化學合成皂特有的緊繃感，混合肌或油性肌用來徹底潔淨髒汙與多餘皮脂，但不會過度刺激。全家人都適用，就連寵物也可以使用。

含氧漂白劑

$ 750g NT$300

深受臺日兩地推崇的居家萬用清潔用品，廣泛適用於廚房與浴室。具備漂白、消臭、除菌等多重用途。白色及彩色織物皆可使用，清潔汙漬但不掉色。無論是浴室的水漬、皂垢與霉斑，抑或是餐盤、杯具上的汙垢與色素沉澱，都能輕鬆對付。成分天然單純，能有效清潔但沒有驚人的氯臭味。

台灣唯一原廠授權

泡泡玉親膚石鹼唯一日本原廠官方授權的臺灣官網
想要嘗試泡泡玉相關商品，可以到日本官方授權的臺灣官網購買。
https://www.shabon.tw/

身體清潔

8 THE THALASSO u
CBD&リフレッシング カーム美容液ボディソープ

ステラシード

475mL 1,210円

海洋美肌成分為基底，搭配新興熱門美肌成分CBD的精華沐浴露。除此之外，還結合天然潔淨泥與膠原蛋白，能同時實現徹底清潔、水潤保養並提升肌膚屏障力。加上簡約時尚的瓶身設計，是相當值得入手的高質感沐浴品。

NIVEA
ニベア エンジェルスキン ボディウォッシュ アクネクリア

ニベア花王

470mL 764円

添加殺菌成分，能透過日常沐浴的方式，預防背部或胸口那討人厭的痘痘冒出來惱人。添加海洋礦物泥成分，使沐浴乳呈現淡灰色，能夠加強潔淨毛孔髒汙與老廢角質。泡泡綿密易沖淨，洗後膚觸清爽滑順。（医薬部外品）

8x4 MEN
薬用ボディウォッシュ

ニベア花王

400mL 968円

添加殺菌成分，不僅能確實潔淨身體上的髒汙，還能透過獨特的「防臭泡」配方，強化阻斷腳臭味發生。若是擔心脫鞋後的異味令人害羞，倒是可以使用這種強化型沐浴乳來加強淨味。（医薬部外品）

8x4 MEN
ミドルボディウォッシュ

ニベア花王

400mL 1,188円

針對男性容易流汗及皮脂分泌旺盛的特質，添加殺菌抑臭成分的體味對策沐浴乳。黏度較高的皮脂會被泡泡吸附，進而確實分解黏膩頑固的皮脂，特別適合拿來強化潔淨耳後、後頸、胸口以及背部等容易黏膩產生氣味的部位。（医薬部外品）

Bioréu
ザ ボディ泡タイプ

ディープクリア
深層清潔型

モイスチャースムース
潤澤慕斯型

花王

各540mL 935円

只要輕輕按壓，獨家三層起泡網壓頭就能擠出超濃密泡的沐浴泡。宛如鮮奶油一般濃密滑順又有彈力的泡泡，只要抹在肌膚上輕輕滑過，不需要過度用力搓揉，就能潔淨全身的汗水、汗垢和多餘皮脂。

身體保養

ANESSA
スキンセラム

資生堂

180mL 2,728円

資生堂高人氣防曬品牌「安耐曬」推出的曬後淨白修復精華，將防曬戰線延長至夜間。添加有效藥用成分「菸鹼醯胺」，能同時發揮美白與撫紋兩大作用。搭配D-谷氨酸等草本植萃保濕成分，強化角質屏障功能，同時潤澤受紫外線傷害的乾荒肌膚。質地柔滑清爽，帶有讓人放鬆的薰衣草香。（医薬部外品）

FRACORA
Body Line Non Celula Gel

FRACORA

80mL 4,000円

添加取自南法特有不腐香瓜的「香瓜萃取SOD（超氧化物歧化酶）」，可發揮優秀的去自由基抗老化作用，搭配緊緻美肌成分，透過日常按摩就能安撫腰部、手臂及臀部等部位上令人在意的凹凸狀態。質地是相當輕透的凝膠狀，不僅滑順好推展，按摩後的肌膚也顯得清爽平滑。

8 THE THALASSOu
CBD&ハイドレーション美容液ボディミルク

ステラシード

200mL 1,155円

以美肌菌加上4種神經醯胺作為基底，聚焦強化肌膚鎖水力的身體精華乳。不僅如此，還添加富含維生素A的美藤果油（Cacay Oil）、玻尿酸、CBD以及多種草本保濕成分，不僅潤澤保濕效果優秀，安撫肌膚不穩狀態的表現也備受期待。

MOLTON BROWN

完美詮釋英倫香氛美學
英國皇室成員御用品牌

創立於1971年的英國香氛品牌「Molton Brown」，一直以來在許多人心目中象徵著英倫優雅的香氛及沐浴體驗。無論是使用體感或香氛表現都極具品味，因此曾獲得已故英國女王伊麗莎白二世所頒發的皇家認證，成為英國皇室指定御用品牌。除此之外，在時尚名流圈當中占有一席之地的「Molton Brown」，也是許多歐美五星級豪華飯店的指定備品。然而，仍有許多人不清楚，集時尚、優雅、經典與品味於一身的「Molton Brown」，其實早在 2005 年便成為日本花王集團的一員。

REVIVING ROSEMARY
舒心迷迭香系列

出自品牌御用新銳調香師之手
讓充滿幸福感的香氛伴隨享受沐浴時光

2024年初夏，Molton Brown推出全新的「REVIVING ROSEMARY」舒心迷迭香系列。此系列以迷迭香和尤加利等清新草本香氣為主調，喚起內心深處的自信。在天竺葵的協調呼應下，存在感強烈的廣藿香與寂靜沉穩的雪松交織成迷人層次，令人不禁想深呼吸，沉浸於幸福氛圍中。這就是新銳調香師「Julie Pourchet」以充滿幸福感的植物園為主題，重新詮釋散發著洗鍊感的舒心香氛。

前調：迷迭香、尤加利、野薑
中調：天竺葵、薰衣草、丁香葉
後調：廣藿香、雪松、香根草

¥ (左)バス&シャワーオイルインジェル／精油沐浴膠
300mL 5,720円
(中)シャンプー／洗髮精
300mL 4,730円
(右)コンディショナー／潤髮乳
300mL 4,730円

MOLTON BROWN
精選沐浴系列

CYPRESS&SEA FENNEL
藍岸絲柏

宛如矗立在野花盛開的懸崖邊，迎著充滿海鹽氣息並且含有強烈荳蔻香的野性狂風。這股能深切感受大海能量與大地廣闊的開放感，堪稱是Molton Brown最為經典的代表作。

(左)バス&シャワージェル／沐浴膠
300mL 4,840円
(右)ボディローション／身體乳
300mL 6,380円

前調：荳蔻、海茴香、佛手柑
中調：海洋香調、絲柏、茉莉、乳香
後調：藍柏樹、雪松、岩蘭草、麝香

ROSE DUNESL
沙境玫瑰

宛如日落時分的阿拉伯沙漠一般，綻放出神祕又迷幻的金色藏紅花凝霧。玫瑰、琥珀、木質調層層堆疊而起的神祕奢華香氛，搭配魅惑感十足的視覺，自然成為Molton Brown最有人氣的代表作。

(左)バス&シャワージェル／沐浴膠
300mL 5,500円
(右)ボディローション／身體乳
300mL 7,040円

前調：黑醋栗、番紅花、紫羅蘭
中調：玫瑰、肉桂、天竺葵
後調：廣藿香、琥珀

OUDH ACCORD&GOLD
沉香金迷

揉合著濃郁的沉木、欖香脂以及肉桂葉，令人彷彿漫步於枝葉繁茂的森林之中。神祕、優雅且靜謐的香氣，加上瓶中的金箔宛如陽光照耀下的樹葉般閃閃發亮，無疑是Molton Brown視覺最為奢華的代表作。

(左)バス&シャワージェル／沐浴膠
300mL 5,500円
(右)ボディローション／身體乳
300mL 7,040円

前調：肉桂葉、佛手柑
中調：欖香脂、沒藥、紅茶
後調：沉香、岩蘭草、蜂蜜

DARK LEATHER
曠野皮革

宛如置身於遠古森林中，點燃樺木後那冉冉而起的燻煙纏繞著皮革並融為一體，化為磅礡與不羈的狂放。獨一無二的煙燻皮革香，絕對是Molton Brown最為神祕的香氛魔法。

バス&シャワージェル／沐浴膠
300mL 4,840円

前調：紅茶、欖香脂、羅勒
中調：松木、白樺、菸草
後調：皮革、杜松、香根草

TOBACCO ABSOLUTE
托斯卡尼菸草

宛如風乾高掛在樹枝上的菸草，那股深沉有層次的氣息，彷彿在訴說著遊牧民族的古老傳說般，給人一種追憶過去的溫暖感受，可說是Molton Brown最具洗鍊感的木質調。

バス&シャワージェル／沐浴膠
300mL 4,840円

前調：柑橘欖香脂、香檸檬、葡萄柚
中調：雪松、肉荳蔻、紫檀
後調：菸草、皮革、祕魯香脂

※本單元價格為2025年2月1日起的新價格

THE GINZA
御銀座身體保養系列

突顯肌膚最佳狀態
體現肌膚融合時尚之美

日本頂級奢華護膚品牌「THE GINZA」，以量身訂製時尚裝束的概念，實現獨一無二的極致膚質。主題訴求「緊緻輪廓，立塑光影」的身體保養系列，則是從臉部保養的視角，著眼於全身肌膚獨有的生理機制，搭配品牌核心成分「御銀座感知複合臻粹™」，開發出一系列新品，能讓肌膚顯現量體裁衣般的最佳狀態。在香氛表現方面，全系列採用品牌極具東方禪意的菩提花香，輕綴鮮嫩的甜橙與華麗的玫瑰，讓身體保養更具儀式感。

THE GINZA 御銀座
Body Oil

¥ 80mL 22,000円

實現絲綢觸感，質地極致輕盈舒適的身體精華油。揉合有機橄欖油、摩洛哥堅果油、薰衣草油與迷迭香油而成的「絲緞盈潤複合臻萃」，可說是打造光澤水潤肌的靈魂成分。搭配獨特的「緊塑煥活複合臻粹」與按摩手法，可避免代謝物堆積且有助於塑造清晰緊緻的線條輪廓。

THE GINZA 御銀座
Shower Oil

¥ 180mL 8,800円

質地輕柔滑順，能在幾近零摩擦的狀態下潔淨全身肌膚。滿滿的植萃潤澤成分，搭配柔潤泡沫與濃郁的菩提花香，讓日常沐浴也能像在做美體SPA般享受。沐浴後不僅能將滋潤鎖在肌膚當中，還能讓肌膚散發出健康的光澤感。

THE GINZA 御銀座
Body Emulsion

¥ 180mL 16,500円

2024年秋季推出的緊緻滋養潤體乳。使用之前搖晃瓶身，濃密的乳霜質地便會化為充滿水潤感的乳液狀。輕輕延展於肌膚後，宛如羊絨輕裹一般親膚，雖然豐盈滋潤卻毫無黏膩感。

THE GINZA 御銀座
Hand Cream

¥ 60g 7,700円

2024年秋季推出的精華護手霜。豐盈如高級絲絨般的質地，能為雙手肌膚補水並同時鎖水，就連容易乾燥的指甲周圍，也能確實潤澤滋養，讓雙手更顯嬌嫩無瑕。那縈繞在指尖，隱匿悠然的菩提香氛，更會令人感到心靈愉悅。

Brighte

追求秒速體感變化
簡化操作步驟卻機能強大的
新創美容家電品牌

日本的美容家電品牌眾多，每隔一段時間就會出現搶手爆款。2024年誕生的「Brighte」備受關注的原因，在於強調「一秒就能實現拉提體感」。除此之外，時尚洗練的設計，搭配極簡的操作步驟，以及同類性產品中屬高CP值的價位，讓美容家電的入門小白也能輕鬆體驗強大的沙龍級居家美容。

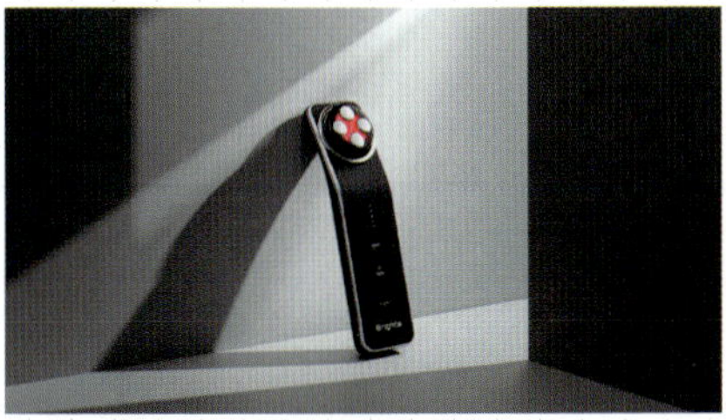

Brighte
ELEKI LIFT

¥ 137g 58,000円

主機上僅有「模式」與「強度」兩個按鈕，操作極為簡單且直覺，即便是看不懂日文或是第一次操作美容家電的人也能簡單上手。

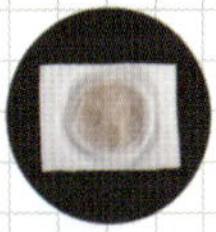

CLEAN模式

將沾濕化妝水的化妝棉夾在探頭上，便可透過負離子導出以及震動的方式促使毛孔張開，簡單去除洗臉也難以深層潔淨的毛孔髒汙及老廢角質。

LIFT模式

採用獨家TRIPLE EMS，利用三種波長不同的低周波產生不具疼痛感的刺激，可發揮拉提與訓練表情肌等作用。搭配能讓肌膚更顯細緻的藍光LED，在提升肌膚緊緻與張力的表現上也相當優秀。

HEAT模式

3MHz的RF射頻可促進美肌成分「三磷酸腺苷(ATP)」生成。搭配能輔助膠原蛋白生成的紅色LED，使用起來帶有舒適的溫熱感。相當適合用於緊緻與拉提頸部等身體部位，開始鬆弛而失去彈力的肌膚。建議每週使用二至三次。

Brighte
ELEKI BRUSH

¥ 169g 49,800円

外觀像是梳子一般，結合EMS、RF與紅藍LED，從頭皮到全身都能使用的多機能美容家電。密集排列的38根電極棒，搭配左右兩排共16個紅藍LED，能夠直接刺激同時溫熱肌膚。除了用來鍛鍊臉部表情肌和放鬆全身肌膚外，最特別的是可以舒緩僵硬的頭皮，進而強化頭皮與秀髮的健康度。此外，該設備具備防水設計，可在浴後皮膚仍濕潤狀態下使用。強度共有5個等級，1~3用於臉部，頭皮及身體建議使用4~5。

日本藥妝店全面特蒐！

日本當地正夯的熱門髮妝排行

走進日本的藥妝美妝店，髮妝商品琳瑯滿目，令人目不暇給。最重要的是，日本髮妝品的潮流更迭速度特別快！日本人在選擇髮妝品時，不僅看重是否具備修護受損髮絲的機能性，更重視品牌訴求是否符合自己的需求。對於日本人而言，選擇髮妝品的考量點，已經和挑選保養品一樣重要。

除了「高機能性」外，香氛、質地以及包裝帶來的「極致體驗」，都是時下日本髮妝品的核心訴求。

在這邊，日本藥粧研究室將深入調查日本藥妝店，以排行榜的方式精選出七大人氣髮妝品牌，並詳細分析每個品牌的特色與美髮成分。

洗髮精・護髮乳部門 Best 7

- 利用潔淨泥成分清爽洗淨頭皮與髮絲
- 包裝設計超吸睛！
- 洗後髮絲極為柔順好整理

Best 1

CLEND

BOTTLE WORKS

(洗)Rich Moist Deep Cleansing Mineral Shampoo
450mL 1,650円
(護)Rich Moist Deep Repair Mineral Treatment
450mL 1,650円

這款髮妝品的最大亮點，莫過於其獨一無二的包裝設計！光是擺著，就能瞬間提升浴室的時尚感。含有摩洛哥火山岩泥、高嶺土、海泥、腐植土提取物及富里酸等成分，不僅能徹底潔淨頭皮與髮絲，還能深入潤澤髮絲。由於優異的的保水力，因此容易乾燥亂翹的秀髮在洗後會顯得特別柔順好整理。

- 日本正夯的夜活美容
- 奈米美容液成分
- 夜間舒緩精油香

Best 2

Theratis

Vi CREA

(洗)Moonlight Sleek Shampoo
435mL 1,540円
(護)Moonlight Sleek Treatment
435g 1,540円

在日本，夜活美容相關的髮妝品正夯！添加奈米化的水解蠶絲蛋白、精胺酸與神經醯胺NG等保養精華成分，能在睡眠期間完全滲透髮絲，超適合想讓秀髮變得清爽滑順的人。在香氛表現上也很出色，洗髮精是橙花香，護髮乳則是白薔薇香，能讓人更加放鬆地進入夢鄉。

Best 3

・添加濃密的精華油
・能保護受損髮絲
・乾燥髮絲也能展現光澤感

MOROCCAN BEAUTY

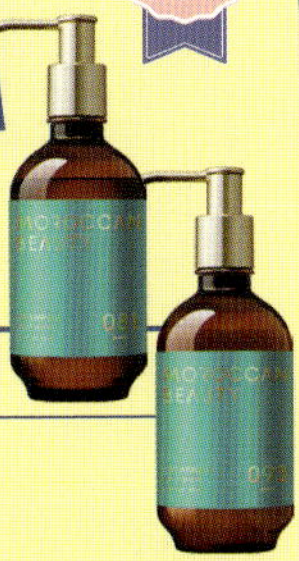

BOTTLE WORKS

(洗)Deep Moist Shampoo
430mL 1,595円
(護)Deep Moist Treatment
430mL 1,595円

添加摩洛哥堅果核仁油與多種美髮成分。最大的特色，就是成分講究，但價位卻極為親民！適合用來修護因為紫外線、摩擦、燙髮、染髮以及熱吹整而受損的秀髮。使用過後的髮絲，會展現出天使光環般的光澤感，煩惱頭髮乾燥的人選這系列就對了！

Best 4

・深層修復受損髮絲
・臉部保養等級的美容配方
・時尚感十足的包裝設計

8 The Thalasso

STELLA SEED

(洗)Cleansing Repair & Moist Shampoo
475mL 1,540円
(護)Deep Repair & Aqua Moist Treatment
475mL 1,540円

研發靈感來自肌膚保養，在日本備受注目的新概念髮妝品牌。利用講究不馬虎的美容液成分，為受損髮絲補充水分。以海洋美髮成分為核心的美容精華配方，能深層修復受損秀髮，特別適合洗髮後喜歡髮絲持續呈現潤澤感的人。

Best 5

・散發植萃風格的瓶身設計
・無添加的天然配方
・採用來自樹木的植萃油

byTREES

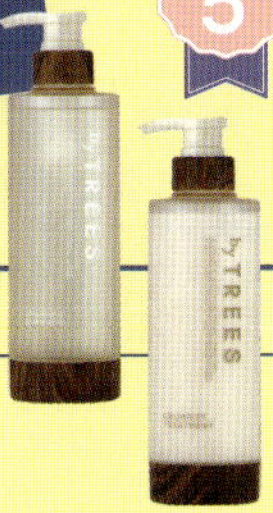

BEAUTE DE MODE

(洗)Uru-Moist Shampoo
450mL 1,595円
(護)Uru-Moist Treatmen
450mL 1,595円

美髮沙龍所開發的洗護品牌。摩洛哥堅果核仁油、橄欖油、荷荷芭種籽油、乳油木果油以及辣木種籽油等具備高保水力的樹木植萃油，能保護髮絲不受乾燥或摩擦傷害。獨特的滲透技術，能讓必要的修護成分深入髮絲內部。另一個吸引人的特色，就是盡可能地排除添加物，相當推薦給喜歡天然植萃洗護的人。

Best 6

・獨家超高壓滲透科技
・泡沫極為豐盈的洗髮精
・洗後髮絲清爽滑順

Unlabel LAB

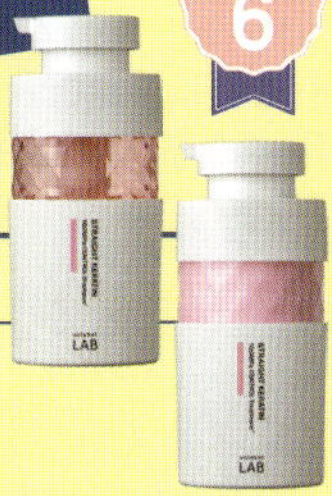

JPS LAB

(洗)Keratin Shampoo
400mL 1,650円
(護)Keratin Treatment
400mL 1,650円

宛如挑選化妝品一般，能根據秀髮狀態挑選類型的特別洗護品牌。日本藥粧研究室所挑選的粉紅色版本，是專為容易亂翹髮質所研發的修復系列。最大的特色，就是原料皆利用超高壓加工處理，藉以提升美髮成分的深層滲透力。來自羊毛的水解角蛋白不僅能從髮絲內側發揮修護機能，還能讓秀髮清爽滑順且散發出耀眼的光澤感。

Best 7

・全新感受的美容油洗髮精
・有機成分×先進科學
・讓亂翹的頭髮也能變得直順

AHALO BUTTER

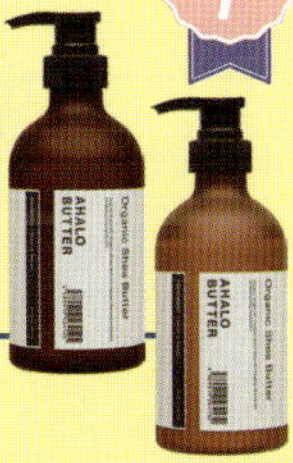

STELLA SEED

(洗)Moist & Repair Shampoo
450mL 990円
(護)Moist & Repair Treatment
450mL 990円

最關鍵的成分為乳油木果油。乳油木果油是常見於保養品當中的美肌成分，添加於洗護品當中也能發揮優秀的潤澤效果。除此之外，還相當奢華地搭配摩洛哥堅果核仁油及星果藤種籽油等有機成分，再怎麼不聽話亂捲的頭髮也會乖乖變得直順。簡約時尚的瓶身，亦是許多有機愛好者愛不釋手的設計。

特別護理部門 Best 7

在日本，護髮產品就像是保養品一般，因應各種不同的保養需求而衍生出眾多豐富的品項。在這邊，日本藥粧研究室為大家精選出幾項包含沖洗及免沖式的護髮產品，幫助大家能將特別護髮融入日常的美容習慣之中。

Best 1

- 能在睡眠過程中修護亂翹的頭髮
- 精油級的茉莉花香
- 可兼用作為頭皮按摩霜

沖洗式

Theratis
Moonlight Night Spa Mask

Vi CREA

130g 1,100円

夜活美容「Theratis」的護髮膜絕對是沖洗式護髮產品的首選之作！宛如在SPA接受保養一般，相當推薦用來仔細按摩頭皮。奈米化的水解蠶絲蛋白、精胺酸及神經醯胺NG等精華液成分，會在你睡美容覺的同時深層滲透髮絲，同時從頭皮安撫亂捲亂翹的頭髮。清新的茉莉花香使人印象深刻，也令人不禁想快點再一次使用，打造出絲滑直順的完美髮質。

Best 2

- 護髮油與護髮乳的結合體
- 深層滋潤護髮效果優秀
- 珍稀的西洋櫻草香味

非沖洗式

MOROCCAN BEAUTY
Deep Moist Hybrid Hair Milk

BOTTLE WORKS

150mL 1,595円

牛乳蛋白成分結合摩洛哥堅果核仁油等濃密的保養油，成分組合可說是極為奢華。使用起來的潤澤度，絕不是三言兩語足以形容。最大的特色，就是使用後秀髮所散發出來的耀眼光澤感。對於過於乾燥的髮質，或是染髮受損的髮絲，都相當值得收編嘗試！

Best 3

- 可在洗髮前用來調理髮質
- 能簡單洗淨髮妝造型品
- 也可以作為護髮膜使用！

BONDPLEX
Straight & Color Care Pre-treatment

沖洗式

Three AnkH

200g 1,650円

產品定位為沖洗式護髮品，卻也能在洗髮之前用來調理髮質，可說是相當有趣的雙用護髮品。不只能夠簡單洗淨髮妝造型品，就連頭髮處於吹乾狀態使用時，修護成分也能順利滲透髮絲。最大的特徵，在於可長時間維持秀髮直順與染髮後的持色時間。另一方面，也能在洗髮之後作為護髮膜使用。

- 添加超高壓加工處理的維生素C衍生物
- 搭配高濃度的美容成分
- 可打造容易整理的柔順髮質

Best 4

沖洗式

Unlabel Lab
Repair Vitamin C Damage Care Hair Mask

STELLA SEED

200g 1,650円

推薦給容易斷裂與分岔，嚴重受損髮質使用的護髮膜。採用超高壓加工處理的維生素Ｃ衍生物這一點，在護髮商品界當中就像是保養品一般少見。護髮膜當中的蛋白質修護成分，能確實修護受損髮絲，讓僵硬粗糙的頭髮變得清爽滑順，令人不禁想要一摸再摸。

沖洗式

- 超高的CP值
- 濃密的精華乳質地
- 能打造觸感水潤的髮質

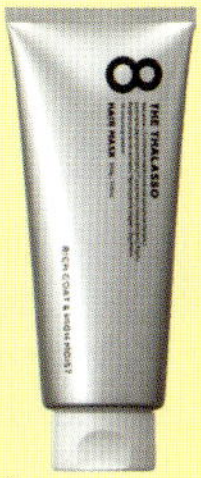

Best 5

8 The Thalasso
Rich Coat & High Moist Hair Mask

STELLA SEED

200g 1,540円

推薦給嚴重受損髮質使用的高濃度護髮膜。以極親民的價位，就能入手成分如此奢華的護髮膜！美髮成分能確實滲透至空洞化的髮絲內部，打造出能更為容易保留水分的水潤髮質。非常適合每週1～2次，用來特別護理秀髮。

- 添加有機麥蘆卡蜂蜜
- 一罐兩用的高自由度
- 可打造絲滑髮質

沖洗&非沖洗兩用

HONEYQUE
Deep Repair Hair Oil Sleek

Best 6

BOTTLE WORKS

100mL 1,650円

在這帶有蜂蜜香氣的洗護品牌中，最廣為人知的人氣品項是洗髮精和護髮膜。不過，這罐護髮油卻是不容錯過的有趣單品。可當沖洗式護髮品，混合護髮乳一起使用，也能當成非沖洗式護髮品使用。無論頭髮是否吹乾，只要簡單一抹，就能打造觸感絲滑的極上髮質。

- 富含礦物質的天然泥成分
- 適合強化修護嚴重受損髮質
- 迷人的礦物果香味

沖洗式

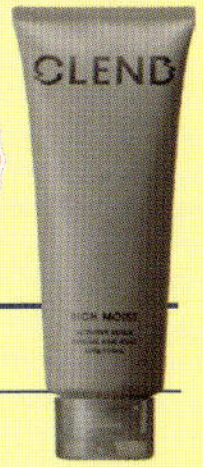

CLEND
Rich Moist Hair Mask

Best 7

BOTTLE WORKS

200g 1,650円

2024年9月才剛推出的話題新品。富含礦物質的美容泥，搭配摩洛哥火山岩泥、高嶺土、海泥、腐植土萃取物以及富里酸等來自大海的美容力，能滲透並賦予髮絲滿滿的養分。最推薦因為日曬或乾燥的受損髮質使用。重視護髮保養的你，絕對不能錯過這神奇的泥膜式護髮體驗。

頭部清潔保養

特別推薦

uruotte
運用植物力量的有機洗髮精

uruotte
植物の力を生かした オーガニックシャンプー

クィーン

(粉)ノーブルフラワー	高雅花香版	250mL 3,300円
(綠)無香料	無香版	250mL 2,750円
(紫)エキゾチックフラワー※	異國花香版	250mL 3,300円

※Cosme Kitchen/Biople限定

#只需一罐，洗髮就能同時洗淨並淨化調理頭皮及秀髮，不需潤髮品。

由藝術家設計的包裝充滿溫暖感，令人印象深刻。全系列的修護成分，採用了東方美容素材中特有的稻米，瓶身最底層的米白色，即是取自稻米的形象。除了稻米萃取，這三款洗髮精的香味與美髮成分各有不同，「粉紅色」搭配芍藥萃取，適合**強化修復受損秀髮**。「綠色」搭配宇治茶萃取，推薦給**頭皮敏弱**的人。「紫色」則是採用紫根精華，能用來**加強頭皮養護**。香味特色在於高雅的精油花香調，令人記憶深刻。在日本的美妝店或自然派保養品專賣店Cosme Kitchen都能發現她的蹤跡。

uruotte
ハーバルエッセンス 優 薬用育毛料

クィーン

90mL 4,180円

除了3款洗髮精之外，uruotte也推出結合東西方草本萃取，含有甘草酸二鉀、維生素B_5以及薄荷等有效成分的育毛劑。與洗髮精搭配使用，不僅能夠潤澤頭皮，為健康秀髮奠定穩固基礎，更能預防各種頭皮健康問題。（医薬部外品）

ines
クリームセラム クレンズ

花王

480mL 3,850円

專注於頭皮健康循環，只要一罐就能同時護理頭皮與秀髮的無泡沫淨髮精華霜。質地濃密的精華霜，搭配頭皮按摩手法，能徹底清潔毛孔汙垢，同時滋潤易受外界刺激而顯乾燥的頭皮與髮絲。融合白茉莉與天竺葵精油，能在按摩頭皮的同時，發揮舒緩身心的效果。

モイストシャンプー
潤澤洗髮精

モイストトリートメント
潤澤潤髮乳

シャンプー
洗髮精

コンディショナー
潤髮乳

melt

花王

各480mL 1,760円

聚焦於髮絲壓力因子，能從髮絲外側與內側同時發揮修護作用，讓髮絲顯得極為柔順水感有光澤。融合天竺葵與鈴蘭精油，在香氛表現上也相當出色，能令人放鬆到幾乎忘記時間的流逝。非常適合在忙碌過後，只想徹底放鬆、享受休息美容護理的你。

Essential
プレミアム うるおいバリア シルキー&スムース

花王

各450mL 1,320円

主打能夠深層修復與潤澤受損髮絲，讓髮絲直到隔天仍能維持柔順清爽的洗潤系列。採用胺基酸洗淨成分，利用舒芙蕾般鬆軟的泡泡，保護髮絲在洗淨過程中不受摩擦傷害。潤髮乳當中的玻尿酸與蜂王漿，則是能讓洗後髮絲維持整天絲滑柔順不乾燥。

melt
クリーミーメルトフォーム

花王

1g×12包 2,200円

開發概念來自頭皮SPA保養，只要加水就會產生碳酸泡的發泡粉。產生碳酸泡後，將泡沫塗抹在頭皮與髮絲上，用來深層清潔毛孔中的髒汙與皮脂。不僅讓頭皮深呼吸，還能打造健康的頭皮環境，使後續保養成分效果提升。

SUCCESS
最初から泡シャンプー

花王

400mL 1,298円

專為避免男性在洗頭時因過度摩擦導致脫髮問題而設計的男性洗髮泡泡。只要輕壓幾下，濃密的泡泡就能直接包覆髮絲，並且確實潔淨頭皮上阻塞毛孔的髒汙和皮脂。洗潤合一的配方，洗後不須另外使用潤髮產品。

CHAPTER

8

日本美研的法式視角

L'ESPACE YON-KA 表參道

東京首屈一指的美容聖地！
跳脫平凡日常的SPA
恣意享受極致的身心放鬆體驗

融合專業技法與日式款待的美容沙龍

「L'ESPACE YON-KA表參道」，是一家位於東京青山黃金地段的頂奢SPA，同時也是法國知名保養品牌YON-KA在全球的唯一直營門市。誕生於1954年的YON-KA，是由植物學家所創設，也是深受自然系保養愛好者推崇的法國高端保養品牌。在這裡，不僅能夠入手完整的系列保養品，還能體驗將東洋專業技法與西洋美肌保養智慧完美融合的頂級SPA服務，提供甚至在巴黎都無法享受到的奢華享受。

這樣的奢華精神也延伸至空間設計，以「陰陽調和」為主題。冷冽的水泥外牆與溫暖的原木大門，給人一種衝突卻又協調的強烈印象。

門市資訊

地址：東京都港区北青山 3-9-8 YON-KAビル
營業時間：平日 11AM～7PM
假日 10AM～7PM

https://lespaceyonka.jp/

註：SPA服務採完全預約制

表參道

走入店內，可見櫃檯旁邊陳列著多達上百種的完整保養品品項。不少慕名而來的旅人，都會在這裡挑選心儀許久的法系植萃保養珍品。

L'ESPACE　YON-KA表參道共設有5間護療室，位於一樓的3間護療室都附有淋浴設備。其中這間名為「rosemary」的房間設備最為豪華，不僅設有水療池，還巧妙活用木石等素材的裝潢，打造出具有溫度感的和風空間。除了基本的臉部與身體保養課程外，最為特殊的服務莫過於臉部與身體的和風美灸，這可是連法國本家也體驗不到的獨家課程哦！

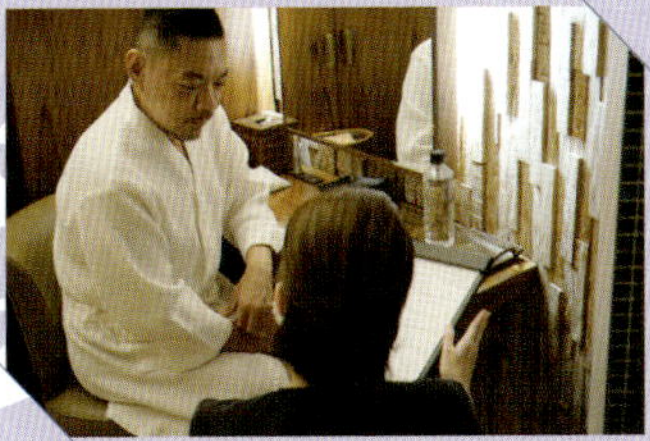

更換專屬的浴袍後，美療師會透過問卷仔細了解每個人的肌膚狀態與保養需求，搭配最適合的保養品項，量身訂製最佳的個人保養課程。

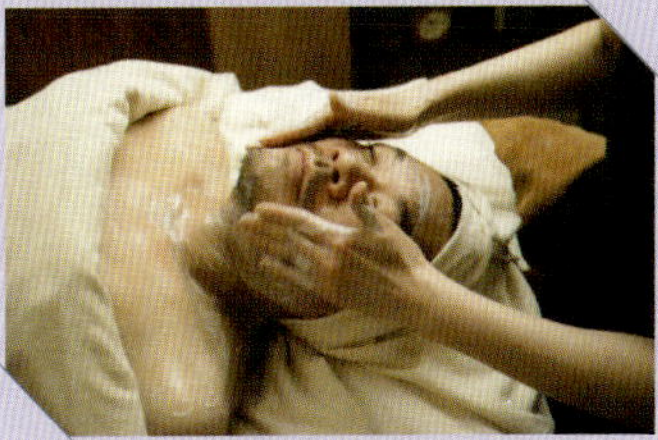

有別於一般SPA，L'ESPACE　YON-KA表參道亦提供男性專屬保養課程。在為肌膚進行深層清潔之後，搭配客人的膚質狀態以及保養需求，美療師即會當場調配出最適合的客製化保養品。在這裡，每個人都能透過上百種保養單品，搭配出專屬於自己的保養課程。

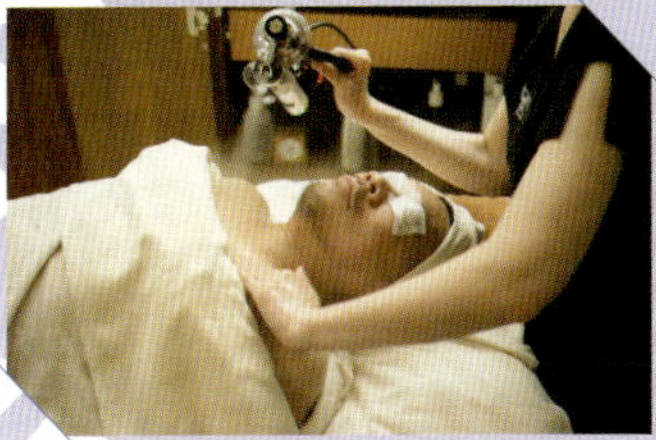

美療師會從100種產品中調配出專屬的客製化化妝水，會透過專業的霧化機以極致細微的水霧噴灑，大幅提升保濕作用讓膚況更加水潤。

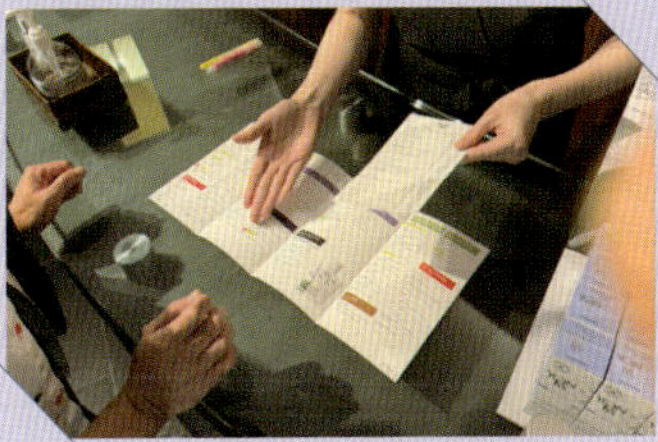

課程結束後，美療師會仔細說明當天課程中所使用的產品。如果喜歡，就能當場選購，將專業的SPA沙龍專用保養品帶回家。

YON-KA專業保養單品精選

熱銷50多國的頂奢SPA與美容沙龍的御用保養品牌YON-KA。前來全球唯一的直營店朝聖時，別忘了把這些高質感的法系植萃保養品帶回家！除表參道店之外，也能在新宿伊勢丹找到它的蹤跡。

化粧水

YON-KA
ローションヨンカ (PS)

ヴィセラジャパン

200mL 7,150円

每3分鐘就賣出1瓶的熱銷鎮店之寶。融合薰衣草、百里香、迷迭香、柏木以及天竺葵等多種天然精油，是一瓶使用起來能令人身心徹底療癒的化妝水。不含酒精，使用起來保濕體感極為優秀，能讓膚觸顯得更為滑嫩。

精華液

YON-KA
ヨンカ セラム C20

ヴィセラジャパン

30mL 27,500円

主成分為高濃度20%，萃取自天然素材，肌膚滲透力極佳的油溶性維生素C衍生物。是不僅能讓肌膚更顯透亮，在抗齡保養上也表現出色的多機能精華液。

卸妝乳

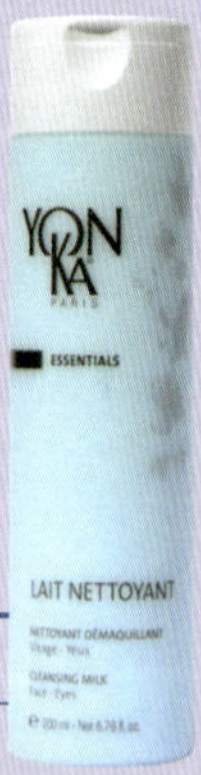

YON-KA
レネトワイヤン

ヴィセラジャパン

200mL 6,600円

質地相當滑順且溫和不刺激的卸妝乳，能夠清爽沖淨無須二次清潔。不僅能夠確實卸除臉部彩妝、毛孔髒汙與肌膚表面的老廢物質，更能在潔淨後維持肌膚水潤不乾澀。在法國，甚至有些父母會拿來潔淨嬰幼兒柔嫩的肌膚。

精華油

YON-KA
ニュートリ+

ヴィセラジャパン

15mL 9,680円

廣受美妝愛好者追捧，同時融合薰衣草、百里香、迷迭香、柏木以及天竺葵等天然精油的植萃精華油。相當推薦加在自己的精華液或乳霜當中一起使用，能明顯提升肌膚的張力與光澤！

日本的法系保養品選擇豐富多樣，在這邊幫大家精選幾款特色新品。

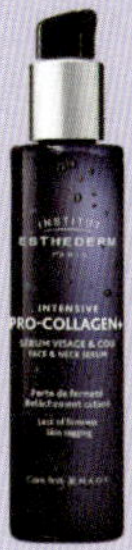

INTENSIVE PRO+ セロム

¥ 30mL 18,700円

質地偏向清爽的精華凝露，主打特色是透過重建真皮構造的作用，實現緊緻臉部線條的體感。

INSTITUT ESTHEDERM

NAOS

INSTITUT ESTHEDERM，和大家熟悉的BIODERMA同屬於法國的NAOS集團。無論是在法國或日本，都是備受貴婦愛戴的高端品牌。主張將「美容科技」推向極致的INSTITUT ESTHEDERM，在2024年秋季選擇日本作為亞洲首站，推出全新的INTENSIVE PRO+系列，主張透過集中式保養，喚醒肌膚原有的緊緻機制。最為核心的保養概念，就是以不同的胜肽成分，刺激分散於表皮層與真皮層中的五種膠原蛋白合成，藉此強化並維持肌膚整體的構造，如此一來便能實現滑嫩的膚觸質感。

INTENSIVE PRO+ クリーム

¥ 50mL 17,600円

質地極為濃密的乳霜，能夠持續重新活化肌膚底力，讓臉部整體的肌膚都能有感緊緻和膨潤。

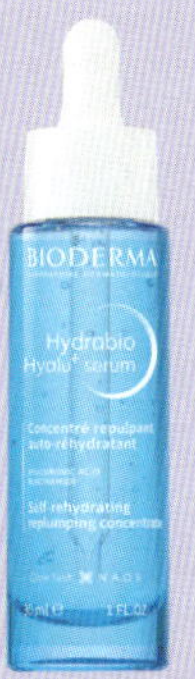

BIODERMA
イドラビオ セラム ヒアルプラス

NAOS

¥ 30mL 4,400円

來自華語圈當中也擁有高人氣的敏感肌保養品牌BIODERMA。這瓶在臺灣又被稱為「B3藍繃帶精華」，在臺日韓等國都被視為肌膚缺水乾老的剋星級高潤精華液。質地是清澈如水般的水凝膠，以生醫級純水作為基礎，搭配大、小分子玻尿酸、海洋多醣、蘋果籽萃取物以及菸鹼醯胺，適合任何年齡與膚質，一舉解決保濕、修復及彈潤三大保養需求，解救缺水型的乾老肌。

Avène
シカルファットプラス リペアミルク

Avène

¥ 40mL 3,300円

法國敏感肌保養品牌Avène所推出的極效修復乳。核心成分是具備修復機能的獨家成分[C⁺-Restore]™，搭配皮膚醫學中用於提升肌膚防禦力的硫酸銅和硫酸鋅。對於嚴重乾燥脫屑或緊繃等肌膚問題，都有不錯的修復與安撫作用。對於做完醫美而處於乾燥泛紅狀態的肌膚而言，也是相當不錯的保濕修復幫手。

國家圖書館出版品預行編目資料

日本薬粧研究家精選X8大怦然心動的藥美妝選物 / 鄭世彬著．
——初版——新北市：晶冠出版有限公司，2025.01
面；公分．——（好好玩；19）

ISBN 978-626-99005-2-7（平裝）

1.CST 化粧品業 2.CST 美容業 3.CST 購物指南 4.CST 日本

489.12 113019521

好好玩 19

日本藥妝美研購9
日本薬粧研究家精選╳8大怦然心動的藥美妝選物

作　　者　鄭世彬//日本藥粧研究室
行政總編　方柏霖
副總編輯　林美玲
彩妝顧問　黑澤幸子、藤島由希、花形あゆみ、柿崎佐和香
校　　對　鄭世彬、林建志//日本藥粧研究室、王逸琦
美術設計　黃木瑩
攝　　影　林建志//日本藥粧研究室
出版發行　晶冠出版有限公司
電　　話　02-7731-5558
E-mail　ace.reading@gmail.com
總 代 理　旭昇圖書有限公司
電　　話　02-2245-1480（代表號）
傳　　真　02-2245-1479
郵政劃撥　12935041 旭昇圖書有限公司
地　　址　新北市中和區中山路二段352號2樓
E-mail　s1686688@ms31.hinet.net
印　　製　大鑫印刷廠有限公司
定　　價　NT$ 399元
出版日期　2025年01月 初版一刷
ISBN-13　978-626-99005-2-7

日本お問い合わせ窓口
株式会社ツインプラネット
担当：芦沢
Mail：ashizawa.pia@gmail.com (芦沢)
japancosmelab@gmail.com (James)